湖北省中尺度暴雨诊断分析研究

吴翠红　王晓玲　等　著

气象出版社
China Meteorological Press

内容简介

　　本书选取近几年 40 个中尺度暴雨典型个例，通过诊断与合成分析，总结了四类中尺度暴雨主要影响系统、结构配置及演变规律，提取了相应物理量参考阈值。内容共分四章，每章第一节为合成分析，第二节给出每个个例的动力、水汽、不稳定的中尺度天气条件分析和暴雨落区，并绘制了其主要影响系统三维结构图。

　　本书图文并茂，分析思路清晰，实用性强，可作为广大预报员的参考书。

图书在版编目(CIP)数据

湖北省中尺度暴雨诊断分析研究/吴翠红等著. —北京:气象出版社，
2013.3

　ISBN 978-7-5029-5682-0

　Ⅰ.①湖…　Ⅱ.①吴…　Ⅲ.①暴雨-分析-湖北省　Ⅳ.①P458.1

中国版本图书馆 CIP 数据核字(2013)第 040458 号

出版发行：气象出版社

地　　　址：北京市海淀区中关村南大街 46 号　　　邮政编码：100081

总 编 室：010-68407112　　　　　　　　　　　　发 行 部：010-68409198

网　　　址：http://www.cmp.cma.gov.cn　　　　　E-mail：qxcbs@cma.gov.cn

责任编辑：张　斌　　　　　　　　　　　　　　　终　　审：汪勤模

封面设计：博雅思企划　　　　　　　　　　　　　责任技编：吴庭芳

印　　　刷：北京天成印务责任公司

开　　　本：787 mm×1092 mm　1/16　　　　　　印　　张：13.25

字　　　数：336 千字

版　　　次：2013 年 3 月第 1 版　　　　　　　　印　　次：2013 年 3 月第 1 次印刷

定　　　价：68.00 元

《湖北省中尺度暴雨诊断分析研究》

主　　笔：吴翠红　　王晓玲

参编人员：李银娥　　钟　敏　　谌　伟

　　　　　李武阶　　龙利民　　王珊珊

　　　　　王艳杰　　王海燕　　牛　奔

　　　　　郭英莲　　舒　斯　　陈　璇

　　　　　柳　草　　韦惠红　　祁海霞

　　　　　张萍萍　　王　艳　　金　琪

技术顾问：王仁乔

说　明

本书选取了 2007—2011 年干侵入、干混合、干锋生、暖干四类中尺度暴雨典型个例各 10 个。个例选取标准为单站连续 3 小时雨量达 50 mm 及其以上，且其中任一小时雨量达 30 mm 及其以上。所用资料为 GFS 0.5°×0.5°再分析资料以及卫星、雷达、湖北省地面加密自动站等非常规观测资料，时间分辨率为 6 h。

为了更为客观、真实地反映个例之间的共同特征，我们采用合成分析法，分别将每型中尺度暴雨个例以暴雨中心为基准点，通过坐标平移统一到同一坐标系中，再对每类暴雨个例资料的基本要素场和物理量场分别求平均得到合成场。

本书从动力、水汽、不稳定三大条件出发，分别对每个个例暴雨发生前、发生中及发生后的合成要素场进行诊断分析，总结共有特征，凝练每类中尺度暴雨发生、发展的环境条件、动力机制、暴雨落区及其分析思路。

前　言

　　2012 年，武汉中心气象台中尺度分析项目组成员根据相关专家的建议，在《湖北省中尺度暴雨分析图集》基础上，选取近几年 40 个中尺度暴雨典型个例，开展了中尺度暴雨诊断与合成分析，通过对中尺度暴雨发生机理、系统结构配置与演变规律等方面的深入研究，旨在将中尺度暴雨概念模型上升到物理模型，为进一步明确中尺度暴雨预报思路提供重要参考。

　　本书从水汽、不稳定、动力条件出发，重点分析了湖北省四类中尺度暴雨发生的动力机制，尤其是干线、涡度平流、温度平流以及湿度平流在中尺度暴雨发生、发展中的动力作用。分析总结了四类中尺度暴雨主要影响系统、结构配置以及演变规律，提取了相应物理量参考阈值，绘制了每个中尺度暴雨个例的主要影响系统三维结构图，给出了中尺度暴雨的可能落区。通过同类暴雨个例的合成分析，建立了干侵入、干混合、干锋生、江南暖干四类中尺度暴雨物理模型，归纳出了中尺度暴雨天气分析关注重点，即大尺度背景场、干线、平流因子、倾斜涡度、辐合线、显著气流、高层辐散、湿舌和干舌、低层水汽辐合、不稳定区分析。

　　本书由吴翠红负责总体技术设计及中尺度暴雨发生、发展分析诊断和物理模型总结等工作；王晓玲、李银娥、钟敏、谌伟、李武阶、龙利民等负责个例诊断分析及总结撰写等工作；王珊珊、王艳杰、王海燕、牛奔、郭英莲、舒斯、陈璇、柳草、韦惠红、祁海霞、张萍萍、王艳、金琪等负责资料整理、计算、绘图等处理工作。

　　本书得到中国气象局矫梅燕副局长、国家气象中心毕宝贵主任、北京大学陶祖钰教授、中国科学院大气物理研究所高守亭研究员、气象干部培训学院俞小鼎教授和国家气象中心魏丽副主任、章国材研究员、系统实验室张小玲主任以及北京市气象台廖晓农首席、上海市气象台邵玲玲首席、江西省气象台许爱华首席的精心指导，湖北省气象局崔讲学局长、王仁乔副局长给予了极大的关心和支持，在此一并表示衷心感谢。

作者
2012 年 11 月于武汉

目　录

第一章 干侵入型中尺度暴雨分析

1.1 干侵入中尺度暴雨合成分析

1.1.1 降水特征

对湖北省 2008—2011 年 10 个干侵入型中尺度暴雨个例的降水分析表明,该型为典型的移动性强降水,降水范围较大,24 小时暴雨范围在 20000~30000 km²,最大可达 50000 km²。降水过程持续时间 10~15 h,最长可达 20 h,对单点暴雨而言,20 mm/h 以上降水持续时间一般为 1~2 h,最长 5 h。1 小时最大雨量一般 40~60 mm,最大达 96 mm。总体来说,干侵入型中尺度暴雨为移动性强降水,持续时间短,降水强度大,具体统计见表 1.1。

表 1.1 干侵入型中尺度暴雨 10 个个例降水特征统计

过程时间	暴雨中心	单站≥20 mm/h 降水持续时间(h)	≥10 mm/h 过程持续时间(h)	1 小时最大雨量(mm)	3 小时最大雨量(mm)
20080503	武汉	2	14	41	91
20080527	老河口	1	18	39	53
20080622	长阳	2	10	42	76
20080701	襄阳	1	12	49	71
20080702	红安	5	14	48	119
20100714	崇阳	2	12	61	104
20110609	通城	4	20	90	197
20110617	公安	3	15	96	153
20110624	潜江	2	16	33	82
20110707	恩施	2	10	35	82

1.1.2 大尺度环流背景

湖北省干侵入型中尺度暴雨发生在有利的大尺度背景中(图 1.1)。暴雨发生前 12 h,500 hPa 中高纬为两槽一脊形势,副热带高压脊线位于暴雨区南侧 7~8 个纬距处,西风带低槽位于暴雨区西侧 6~8 个经距处,低槽往往有温度槽配合,且温度槽落后于高度槽。暴雨发生时,暴雨中心多位于 200 hPa 南亚高压北侧的分流辐散区中;500 hPa 低槽东移,副热带高压东退;925～700 hPa 则对应有两种天气系统,一是西南风和偏北风之间的冷式切变线(7例),二是低涡(3例);地面多有冷锋活动。在 500 hPa 低槽东移过程中,槽后偏北气流带动干冷空气南下,与中低层暖湿气流交汇,形成对流不稳定层结并触发强烈上升运动,在暖湿区一侧产生暴雨。

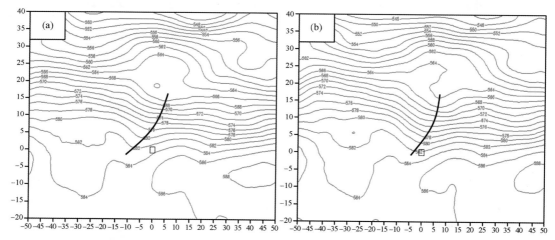

图 1.1 干侵入型中尺度暴雨 500 hPa 高度场合成图(单位:dagpm)

(a)暴雨发生前 12 h;(b)暴雨发生时(小黑色方框为暴雨区,下同)

1.1.3 中尺度分析

1.1.3.1 动力条件

(1)干线

分析发现,湖北省干侵入型中尺度暴雨干线具有如下特点:较为深厚,一般从 500 hPa 到 925 hPa 甚至地面;强度大,以 700 hPa 为例,其 T_d 梯度 5～12 ℃/100 km;移速较快,一般 6 h 移动 120～300 km。

图 1.2 为 10 个个例 700 hPa 露点温度合成与风场合成的叠加图,从图中可以看出,暴雨发生前 12 h,干线位于暴雨区西北侧,呈东北—西南走向,随着时间推移,干线向暴雨区快速移动,其后部有与之垂直的偏北气流穿越干线,将干空气带入湿区,至暴雨发生时,干线逐渐逼近暴雨区西北侧边缘,随着干线进一步南压,暴雨区转受偏北气流控制,降水结束。

为了从空间上了解此类暴雨过程干空气入侵方式,这里给出相对湿度和流场沿暴雨中心经向剖面合成图(图 1.3),这里我们定义相对湿度≤70%为干区。从图中可以看出,在暴雨区北侧,500 hPa 高度附近有一支自北向南、自上而下的流场,引导着干空气向南、向下入侵,700 hPa 以上干空气表现为自上而下侵入,而在 800 hPa 以下,干空气主要表现为由北向南侵入。

通过干侵入型中尺度暴雨 10 个典型个例合成分析,干线所起的动力作用可能有以下两个方面:

其一,干线附近,干湿空气交汇形成局部露点锋锋生,锋生产生的扰动导致上升运动加强。图 1.4 是 10 个个例 700 hPa T_d 平流和风场合成图,暴雨发生前 12 h,干湿平流零线位于暴雨区西侧 2~3 个经距处,暴雨区南侧处在大片湿平流区中,湿平流中心达 0.8×10^{-5} ℃/s。与此同时,北方偏北气流携带干空气快速南下,至暴雨发生时,干空气分为两支,分别在暴雨区西侧和东北侧与南方湿空气相遇,即图中所示 T_d 平流零线位置。平流零线北侧,干平流中心高达 -2.0×10^{-5} ℃/s,平流零线南侧,暴雨区上空湿平流不断加强,形成强度为 1×10^{-5} ℃/s 的湿平流中心。干空气一侧急剧变干,湿空气一侧不断增湿,于是在 T_d 平流零线附近形成局部露点锋锋生(图 1.5),700 hPa T_d 锋生函数从 10 K·hPa^{-1}·s^{-3} 增加到 30 K·hPa^{-1}·s^{-3}。干湿两种气团在锋区附近产生强烈扰动,形成上升运动,因此,在湿平流中心即水汽最为充足又是水汽汇集处产生了暴雨。

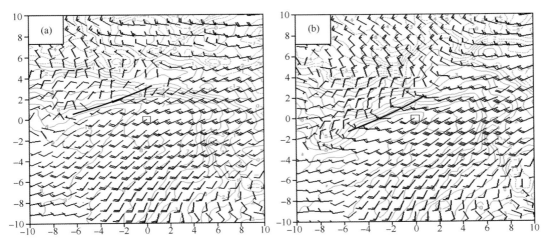

图 1.2 700 hPa 露点温度与风场合成分析图(露点温度单位:℃)

(a)暴雨发生前 12 h,(b)暴雨发生时

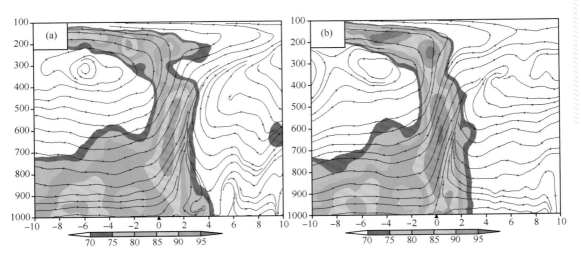

图 1.3 沿暴雨中心的相对湿度与流场经向垂直剖面合成图(相对湿度单位:%)

(a)暴雨发生前 6 h,(b)暴雨发生时(小黑三角为暴雨点,下同)

其二,南下的深厚干气团与湿气团相遇,迫使湿空气抬升。图 1.6 为 850 hPa T_d 平流和风场合成图,可见暴雨区上空 850 hPa T_d 平流与 700 hPa T_d 平流有明显不同。暴雨发生前 12 h,暴雨区南侧处在大片湿平流中,到暴雨发生时,暴雨区上空 850 hPa 干平流显著加强,达 -1×10^{-5}℃/s。这表明,在暴雨发生时,干空气已从低层 850 hPa 以下侵入。一方面,700 hPa 湿空气不断增湿;另一方面,深厚的干气团已在低层 850 hPa 以下形成干冷气垫,迫使湿空气爬升,形成上升运动。10 个个例中有 3 例干湿锋区十分陡直,与地面近乎垂直,干空气似一堵墙,仁立在湿空气一侧,迫使暖湿空气强烈上升,由于湿层十分深厚,产生的降水强度也更大,3 小时降水达 100 mm 以上。在此过程中,雷达回波表现为在干线南侧 50 km 以内发展明显加强。

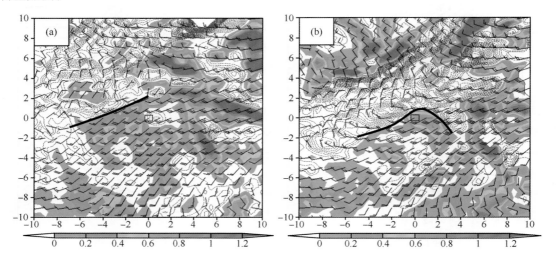

图 1.4　干侵入型中尺度暴雨 700 hPa 露点平流和风场合成图(露点平流单位:10^{-5}℃/s)
(a)暴雨发生前 12 h,(b)暴雨发生时(黑色粗实线为平流零线)

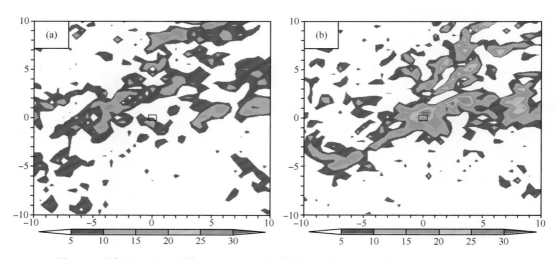

图 1.5　干侵入型中尺度暴雨 700 hPa 露点锋锋生函数合成图(单位:K · hPa^{-1} · s^{-3})
(a)暴雨发生前 12 h,(b)暴雨发生时

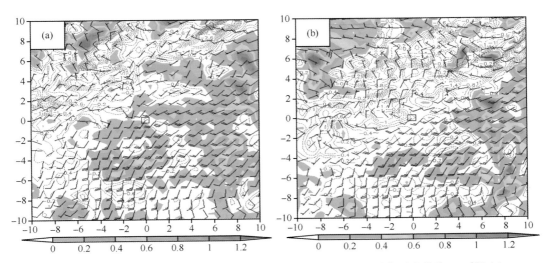

图 1.6　干侵入型中尺度暴雨 850 hPa 露点平流和风场合成图(露点平流单位:10^{-5}℃/s)
(a)暴雨发生前 12 h,(b)暴雨发生时

(2) 涡度平流

统计发现,在 10 例干侵入型中尺度暴雨发展加强的过程中,暴雨区西侧 500 hPa 不断有带状正涡度平流区东移。图 1.7 为 500 hPa 涡度平流合成图,由图可见,在暴雨发生前 12 h,暴雨区上空西侧有一正涡度平流区,中心强度达 $3 \times 10^{-9} \mathrm{s}^{-2}$,随着高空低槽东移,该正涡度平流区逐渐东移;暴雨发生前 6 h,暴雨区西侧又有多个带状正涡度平流区继续东移;暴雨发生时,正涡度平流区向暴雨区上空逼近,中心强度维持 $2 \times 10^{-9} \mathrm{s}^{-2}$。在这一过程中,暴雨区上空 500 hPa 正涡度平流使得该层气旋性涡度增加,导致流场与气压场不相适应,在地转偏向力的作用下,气流向外辐散,而辐散的结果,使低层减压,导致低层流场与气压场不相适应,在气压梯度力的作用下,气流向负变压区辐合。

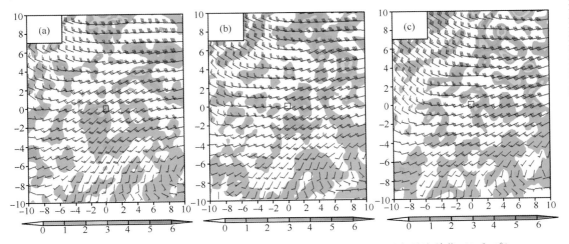

图 1.7　干侵入型中尺度暴雨 500 hPa 涡度平流与风场合成图(涡度平流单位:$10^{-9} \mathrm{s}^{-2}$)
(a)暴雨发生前 12 h,(b)暴雨发生前 6 h,(c)暴雨发生时

　　为了验证这一事实,我们给出 925 hPa 散度与风场合成图(图 1.8)。暴雨发生前 12 h 至发生前 6 h,925 hPa 散度急剧增加,从 $-2\times10^{-5}\,\mathrm{s}^{-1}$ 增至 $-5\times10^{-5}\,\mathrm{s}^{-1}$。之后,由于暴雨区上空不断受东移的正涡度平流影响,暴雨发生时,中心强度继续增至 $-6\times10^{-5}\,\mathrm{s}^{-1}$,且强中心范围明显增大。这充分说明,高层正涡度平流对低层辐合增强起到了重要作用。

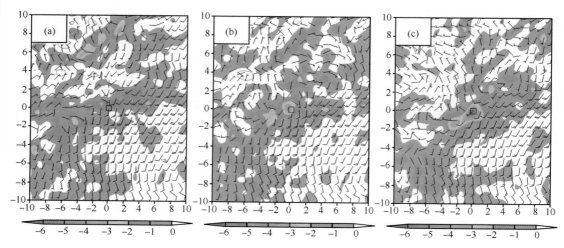

图 1.8　干侵入型中尺度暴雨 925 hPa 散度和风场合成图(散度单位:$10^{-5}\,\mathrm{s}^{-1}$)

(a)暴雨发生前 12 h,(b). 暴雨发生前 6 h,(c)暴雨发生时

　　图 1.9 为涡度平流与流场沿暴雨中心的经向剖面合成图,从图中可以看出,暴雨发生前 12 h 至暴雨发生期间,暴雨区上空存在正的差动涡度平流,差值从 $1\times10^{-9}\,\mathrm{s}^{-2}$ 增加到 $3\times10^{-9}\,\mathrm{s}^{-2}$。$\omega$ 方程指出,当涡度平流随高度增加,有上升运动。从垂直速度合成图来看,暴雨区上空垂直速度明显增强,从暴雨发生前 12 h 小于 -0.4 Pa/s,到暴雨发生时增长至 -1 Pa/s(图 1.10)。

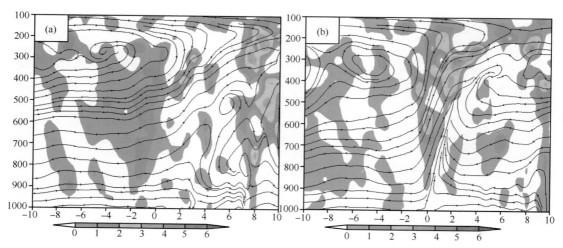

图 1.9　沿暴雨中心的涡度平流和流场经向剖面合成图(涡度平流单位:$10^{-9}\,\mathrm{s}^{-2}$)

(a)暴雨发生前 12 h,(b)暴雨发生时

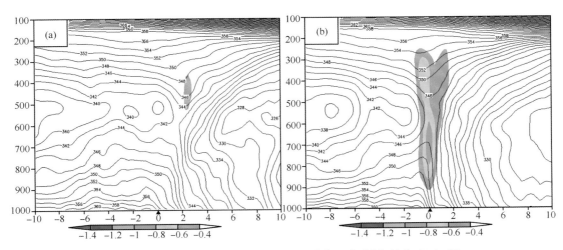

图 1.10　沿暴雨中心的垂直速度和假相当位温合成图（单位：Pa/s,K）

(a)暴雨发生前 12 h,(b)暴雨发生时

（3）高位涡下传

分析发现,10 例干侵入型中尺度暴雨过程中都存在高位涡下传现象。暴雨发生前 12 h,高位涡一般位于对流层高层 300～400 hPa 附近,位涡中心值在 1.2 PVU 以上,最高可达 2.3 PVU。暴雨发生时,高位涡逐渐沿 θ_{se} 等值线密集带下传至低层暴雨区上空附近。图 1.11 是位涡和 θ_{se} 沿暴雨中心的经向剖面合成图。虽然合成后的高位涡中心值有所减小,但是在暴雨发生前 12 h,距暴雨中心北侧约 4 个纬距附近,300～400 hPa 仍有大于 0.9 PVU 的高值中心存在。暴雨发生时,位涡高值区（≥0.6 PVU）沿 θ_{se} 密集带下传至暴雨区上空 900 hPa 附近。从图中还可以看出,$\theta_{se}=346$ K 线上下贯通,高位涡就沿着其等熵面从对流层中高层向对流层低层下传的。

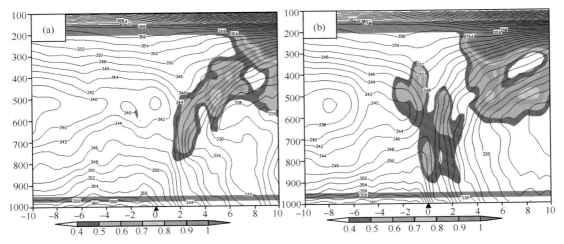

图 1.11　沿暴雨中心的位涡及假相当位温经向剖面合成图（单位：PVU,K）

(a)暴雨发生前 12 h,(b)暴雨发生时

进一步分析得知,沿等熵面在对流层高层 $\partial\theta_{se}/\partial p<0$,为对流稳定层;在对流层中低层 $\partial\theta_{se}/\partial p>0$,为对流不稳定层结,根据吴国雄等倾斜涡度发展理论,当气块从对流稳定性较高的环境,向对流稳定性较低的环境移动时,其绝对涡度增加,等熵面坡度越大,增加越快。因

此,当高位涡快速沿 θ_{se} 密集带下传时,有一极强的正涡度柱由 1000 hPa 沿 θ_{se} 锋区向上伸展(图 1.12),850 hPa 附近涡度从 $2\times10^{-5}\,s^{-1}$ 增加到 $8\times10^{-5}\,s^{-1}$,垂直涡柱表明低空有强烈的辐合入流,并伴有强上升运动。可见,高位涡下传直接导致中低层正涡度柱加强,有利于对流上升运动的发展和水汽垂直输送。

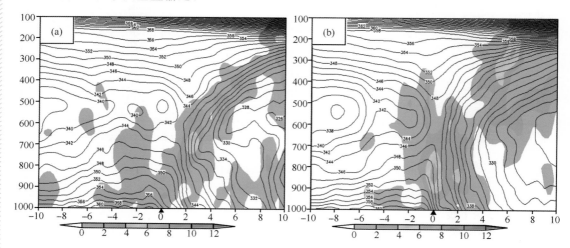

图 1.12　沿暴雨中心的涡度及假相当位温经向剖面合成图(单位:$10^{-5}\,s^{-1}$,K)

(a)暴雨发生前 12 h,(b)暴雨发生时

（4）冷锋

由于干侵入型中尺度暴雨是四类中尺度暴雨中唯一与冷锋相联系的,因此有必要对冷锋的作用进行分析。图 1.13 为温度平流和流场沿暴雨中心的经向剖面合成图,从图中可以看到,暴雨发生前 12 h,暴雨区上空 950 hPa 以上均为暖平流,$\leqslant-0.8\times10^{-5}\,s^{-2}$ 的冷平流中心位于暴雨区北侧 6～7 个纬距处 500 hPa 附近,冷暖平流零线位于暴雨区北侧 3～4 个纬距附近。暴雨发生时,暴雨区北侧深厚冷空气在偏北气流的带动下快速南下,冷暖平流零线也随之整体南压,在 800 hPa 以下有 $\leqslant-0.6\times10^{-5}\,℃/s$ 的冷平流区向下呈楔状插入暖平流区,暴雨区上空 900 hPa

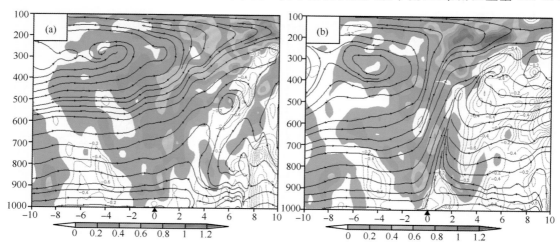

图 1.13　沿暴雨中心的温度平流和流场经向剖面图(温度平流单位:$10^{-5}\,℃/s$)

(a)暴雨发生前 12 h,(b)暴雨发生时

以下均为冷平流,这表明该层以下已开始有冷空气入侵。ω 方程指出,暖平流区有上升运动,冷平流区有下沉运动。由此可知,迅速向南推移的冷平流区向下插入暖平流区底部,必将迫使其前方的暖空气抬升,这与前面所提湿空气在干空气垫上被迫抬升作用机制相似。冷暖气团交汇最为剧烈的地区,也即温度平流零线附近,产生强烈抬升,这一作用叠加在干湿气团间的相互作用之上,进一步加强了锋区附近的上升运动。但两者略有不同的是,干空气向下侵入的层次稍高,在暴雨区上空 800 hPa 附近,冷空气向下侵入的层次较低,在暴雨区上空 900 hPa 附近。

(5)湿舌和干区

湿舌是指湿空气向较干的区域伸展,其等湿度线像舌状的部分,是湿空气向干空气输送水汽的明显标志。在 10 例干侵入型中尺度暴雨个例中,850 hPa 均出现了湿舌。图 1.14 为 850 hPa T_d 和风场的合成图,从图中可以看出,暴雨发生前 12 h,暴雨区处在 $T_d = 17\ ℃$ 的湿舌中,湿舌北部是大片干区,干中心 $T_d = -1\ ℃$。随着偏北气流加强,干区南压,17 ℃湿舌也随之南压。暴雨发生时,暴雨区位于湿舌靠近干区一侧,随着干区进一步南压,湿舌南退,降水结束。这一过程充分说明,单纯的湿舌并不能直接产生暴雨,只有在干区向湿舌侵入的过程中,两种不同性质气团在局部产生充分交汇,引起锋生加强时,激发暴雨的发生。

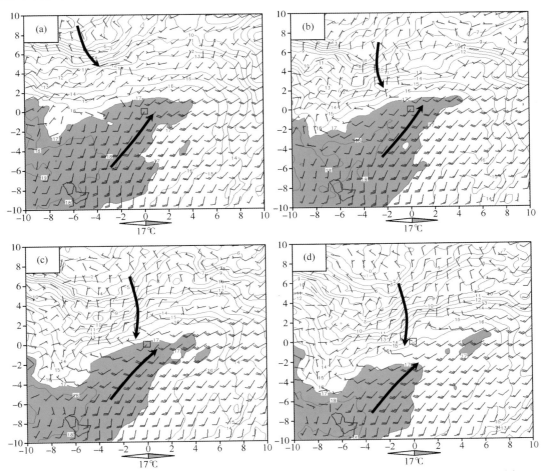

图 1.14　850 hPa 露点温度与风场合成分析图(露点温度单位:℃;黑粗色箭头为显著气流,下同)

(a)暴雨发生前 12 h,(b)暴雨发生前 6 h,(c)暴雨发生时,(d)暴雨发生后 6 h

（6）地面辐合线

在 10 例干侵入型中尺度暴雨个例中，均有地面辐合线存在。中低层为冷式切变线时，地面辐合线更加清楚，往往超前于暴雨 1～4 h 出现，有很好的预报指示性。地面辐合有两种形式，一种是偏北风和偏南风之间的辐合线，另一种是多风向汇合的辐合区，并伴有中低压。图 1.15 为干侵入型中尺度暴雨地面辐合的实例，在雷达回波中分别对应于带状和逗点回波。

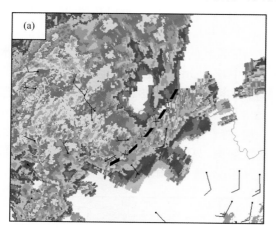
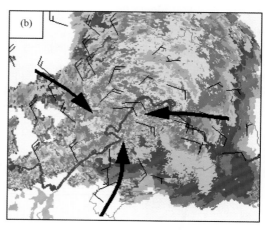

图 1.15　干侵入类两种典型地面辐合线（区）（ ■ × ■ × 为地面辐合线）
(a)地面辐合线，(b)地面辐合区

1.1.3.2　水汽条件

在暴雨的发生发展过程中，水汽是不可或缺的条件。从 10 个个例 T_d 和风场合成图上可以看到（图略），暴雨发生前，700 hPa 以下盛行西南暖湿气流，尤其在 700 hPa 存在一支风速 $\geqslant 12$ m/s 的低空急流，850 hPa 和 925 hPa 上均有西南伸向东北的湿舌，T_d 分别大于 17 ℃ 和 20 ℃。如图 1.16 所示，暴雨中心附近，700 hPa 湿平流显著，暴雨发生前 12 h 至暴雨发生时，

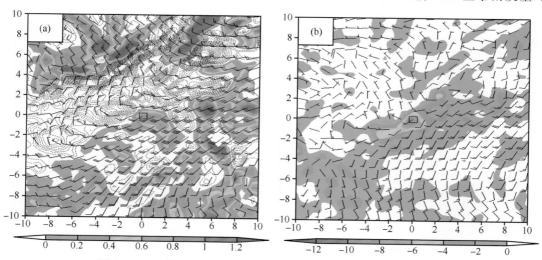

图 1.16　(a)暴雨发生时 700 hPa 露点平流合成图（单位：10^{-5} ℃/s）
(b)925 hPa 水汽通量散度合成图（单位：10^{-8} g·cm^{-2}·hPa^{-1}·s^{-1}）

湿平流中心加强,从 0.2×10^{-5}℃/s 增至 1.0×10^{-5}℃/s。925 hPa 水汽辐合明显加强,水汽通量散度中心从 -4×10^{-8}g・cm^{-2}・hPa^{-1}・s^{-1} 加强至 -10×10^{-8}g・cm^{-2}・hPa^{-1}・s^{-1}。为暴雨发生发展提供了充足的水汽条件。

1.1.3.3 不稳定条件

图 1.17 为 10 个个例 $\theta_{se(500-850)}$ 合成图。暴雨发生前 12 h,暴雨区上空有大片 $\theta_{se(500-850)} \leqslant$ -10 K 的对流不稳定区;暴雨发生时,随着干冷空气的入侵,对流不稳定能量逐渐释放。从 K 指数的合成图可以看到(图 1.18),暴雨发生前 12 h,暴雨区上空存在大片 K 指数 $\geqslant 36$ ℃不稳定区;暴雨发生时,暴雨区上空 K 指数增加至 38 ℃,暴雨结束后,K 指数也迅速减小。

另外,干侵入也对大气不稳定层结起到加剧作用,如 1.1.3.1 节中所述,自上而下的干侵入可达 700 hPa 以下,这也增加了整层空气柱的对流不稳定性。

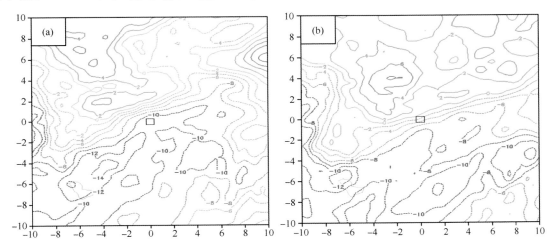

图 1.17 干侵入型中尺度暴雨 $\theta_{se(500-850)}$ 合成图(单位:K)

(a)暴雨发生前 12 h,(b)暴雨发生时

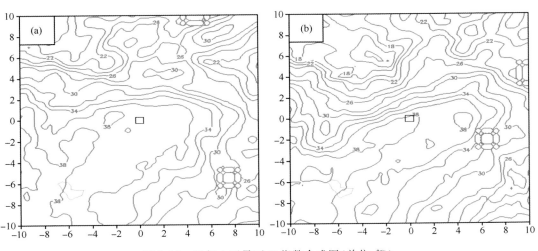

图 1.18 干侵入型暴雨 K 指数合成图(单位:℃)

(a)暴雨发生前 12 h,(b)暴雨发生时

1.1.4　中尺度暴雨落区

综合以上分析,基于暴雨发生应具备的动力、水汽、不稳定三大基本条件,应用叠套法,确定出该型暴雨落区:

(1)700 hPa 干线南侧 150 km 以内。

(2)850 hPa $T_d \geqslant 17$ ℃(或 925 hPa $T_d \geqslant 20$ ℃)湿舌内靠近干线一侧。

(3)700 hPa 暖湿平流中心。

(4)925 hPa 水汽通量散度 $\leqslant -8 \times 10^{-8}$ g・cm^{-2}・hPa^{-1}・s^{-1} 与 K 指数 $\geqslant 38$ ℃重叠区域。

此外,当 925 hPa $T_d \geqslant 21$ ℃,K 指数 $\geqslant 39$ ℃时,则可能出现 3 小时 $\geqslant 100$ mm 降水。

总之,干侵入型中尺度暴雨发生在 700 hPa 干线南侧 150 km 以内,850 hPa 以下湿舌内靠近干线一侧,700 hPa 暖湿平流中心附近,以及 925 hPa 水汽通量辐合中心与 K 指数大值区的重叠区域。

1.1.5　中尺度天气分析思路

基于以上分析,结合湖北省干侵入型中尺度暴雨特点,总结得出该型暴雨天气分析思路是:

(1)关注大尺度背景场。尤其要关注低槽和副高的动态演变,低槽的快速移动将有利于带动北方干冷空气整体南下,产生干侵入型中尺度暴雨。

(2)关注涡度平流、温度平流以及湿度平流这几个基本预报因子。涡度平流随高度变化以及温度平流是导致大气产生垂直运动的最根本原因,而湿度平流零线是产生局部锋生的区域,其结果也是导致上升运动的加强。

(3)关注干线的分析,尤其注意 500 hPa 以下干线的强度、移速以及空间配置。干线的存在预示着未来将有干空气与湿空气交汇,引起局部锋生,深厚的干气团还将迫使湿气团抬升,加剧上升运动。

(4)关注边界层辐合线分析。重点关注地面辐合线、冷切尾部、暖切顶部等关键区域,这里往往是辐合最为强烈的区域。

(5)关注本区域以北 300~400 hPa 上是否出现高位涡中心,那里往往是干空气的源头所在,并关注本区域低层是否有位涡的增长。

(6)关注显著流线。偏北显著流线携带的干空气与偏南显著流线携带的湿空气形成交汇,那里往往是锋生扰动的地区。

(7)关注 850 hPa $T_d \geqslant 17$ ℃的湿舌、700 hPa 湿平流中心以及 925 hPa 水汽通量散度负值中心。这些条件满足,即具备暴雨发生的水汽条件。

(8)关注 K 指数 $\geqslant 38$ ℃的区域和暴雨发生前期 $\theta_{se(500-850)}$ 负值区,这里是不稳定能量充足的地区。

1.1.6　结论

通过对湖北省 10 个干侵入型中尺度暴雨个例的合成分析,得出了暴雨落区和中尺度天气

分析思路,具体结论如下:

(1)干侵入型中尺度暴雨一般为移动性强降水,持续时间短,降水强度大。

(2)干侵入型中尺度暴雨发生在有利的大尺度背景中,即 500 hPa 低槽东移,中低层伴有冷式切变线或低涡,地面多有冷锋活动。

(3)干侵入型中尺度暴雨干线较为深厚,干线强度大,移速快。干空气的侵入方式:自上而下的干侵入(可达 700 hPa),800 hPa 以下主要表现为由北向南侵入。

(4)槽后偏北气流带动干冷空气整体南下,与南方暖湿气团交汇,形成局部锋生,导致扰动加强,加之正涡度平流、高位涡下传以及锋面抬升、地面辐合等多种动力作用共同影响,在锋区附近产生强烈上升运动,将低层水汽源源不断地输送至高层,同时前期大气中积聚的不稳定能量在这一过程中得以释放,最终导致中尺度暴雨的发生。

1.2　干侵入中尺度暴雨典型个例诊断分析

1.2.1　2008 年 5 月 3 日(武汉)

编号:20080503-1-01

一、中尺度天气条件及暴雨落区

1. 暴雨中心:京山、孝感、武汉附近,1 小时最大雨量 69 mm(京山),3 小时累积雨量最大达 91 mm(武汉)。

2. 主要中尺度天气系统:

(1)700 hPa、850 hPa、925 hPa 干线

(2)500 hPa 正涡度平流区

(3)850 hPa、925 hPa 冷切尾部辐合区

(4)700 hPa、850 hPa、925 hPa 急流

(5)850 hPa、925 hPa 湿舌

(6)地面辐合区

(7)中高层次级环流

3. 动力条件:

(1)暴雨发生前 12 h,陕西—川东有一条东北—西南向干线(850 hPa 10℃/100 km),在向东南方向移动的同时,有干空气向南扩散,至暴雨发生时,在暴雨区北侧形成干线(850 hPa 3℃/100 km)。干线北侧偏北气流与南方暖湿气流在暴雨区附近交汇,加强了上升运动;同时,垂直方向上,暴雨发生前 12 h,相对湿度<70%的干区自对流层高层呈楔状向下伸展。108°E、34.5°N、400 hPa 附近高位涡(1.2 PVU)沿等熵面(θ_{se}=338 K)向南下传,导致暴雨区绝对涡度增加(850 hPa 涡度 $3\times10^{-5} \rightarrow 15\times10^{-5}$ s^{-1})。另外,由于干线北侧干冷空气加速下沉,南侧暖湿气流上升,在 500 hPa 附近形成热力直接环流,其上升支与暴雨区上升气流叠加,进一步加强上升运动。

(2)暴雨发生前 6 h,江汉平原一带 500 hPa 正涡度平流区($>6\times10^{-9}$ s^{-2})向暴雨区移动,促使边界层冷切尾部辐合加强(925 hPa 散度 $-2\times10^{-5} \rightarrow -10\times10^{-5}$ s^{-1})。

(3)暴雨发生前 6 h,湖南至江汉平原一带西南急流东移(850 hPa 风速 14 m/s),其出口区左侧的气旋性辐合为暴雨区提供上升运动。

(4)地面冷锋快速南压,对锋前暖湿气团起到强迫抬升作用。

(5)暴雨发生前 2 h,暴雨区附近有偏北风、偏东风和偏南风形成的地面辐合区东移加强(地面散度中心 $-13 \times 10^{-5} \to -23 \times 10^{-5} \text{ s}^{-1}$),有利于地面辐合抬升和中尺度对流的触发。

(6)暴雨发生前 6 h,鄂东北上空散度中心加强(200 hPa $4 \times 10^{-5} \to 8 \times 10^{-5} \text{ s}^{-1}$),并向东南方向移动,高层辐散抽吸作用加强,配合高层次级环流有利于暴雨区上空气流加速流出。

综上所述,本次暴雨是对流层中高层高位涡干冷空气源向下向南侵入,与中低层西南暖湿气流交汇,加之 500 hPa 正涡度平流区东移加强与冷切尾部辐合区叠加,配合锋面抬升、地面辐合、高层辐散等动力条件共同作用结果。

4. 水汽条件:

(1)暴雨发生前 6 h,湖南—安徽南部有一湿舌(925 hPa $T_d \geqslant 19℃$),暴雨区位于湿舌西侧边缘。

(2)暴雨发生前 6 h,暴雨区东侧湿平流加强(700 hPa $0 \to 2 \times 10^{-5}℃/\text{s}$),表明有水汽向暴雨区输送。

(3)暴雨发生前 6 h,江汉平原一带水汽通量散度中心明显加强(925 hPa $-8 \times 10^{-8} \to -24 \times 10^{-8} \text{g} \cdot \text{cm}^{-2} \cdot \text{hPa}^{-1} \cdot \text{s}^{-1}$),形成较强水汽辐合中心。

5. 不稳定条件:

(1)暴雨发生前 12 h,暴雨区上空假相当位温随高度递减($\Delta\theta_{se(500-850)} \leqslant -6 \text{ K}$),维持较强对流不稳定;

(2)暴雨发生时,有湿位涡 MPV_1 项($\leqslant -1.2 \text{ PVU}$)负值中心与暴雨区配合,表明边界层湿不稳定能量明显加强;

(3)暴雨发生前 6 h,湖南至安徽一带 K 指数大值区($\geqslant 39℃$)向东南方向移动,暴雨区上空不稳定加强。

6. 暴雨落区:

(1)850 hPa 干线南侧 50 km 以内;

(2)850 hPa、925 hPa 冷切尾部辐合区;

(3)中低层西南急流出口区左侧 100 km 以内;

(4)地面辐合区附近;

(5)700 hPa 暖湿平流中心附近;

(6)水汽通量散度大值中心与 K 指数大值区重叠区域。

综上所述,暴雨落区位于 850 hPa 干线南侧 50 km 以内,冷切尾部辐合区,中低层西南急流出口区左侧以及地面辐合区附近,700 hPa 暖湿平流中心附近,以及水汽通量散度和 K 指数大值中心重合区域。

二、中尺度天气分析参考值

物理量名称	层次（hPa）	参考值	单位及量级	备注
低层急流	850	$\geqslant 14$	m/s	动力
西北显著气流	850	$\geqslant 20$	m/s	动力
散度	200	$\geqslant 8$	$10^{-5}\,s^{-1}$	动力
涡度	850	$\geqslant 15$	$10^{-5}\,s^{-1}$	动力
位涡高值区	400	$\geqslant 1.2$	PVU	动力
位涡低值区	300	$\leqslant -0.5$	PVU	动力
涡度平流	500	$\geqslant 6$	$10^{-9}\,s^{-2}$	动力
锋生函数	850	$\geqslant 50$	$K \cdot hPa^{-1} \cdot s^{-3}$	动力
MPV_2	600	$\leqslant -0.9$	PVU	动力
冷平流	700	$\leqslant -2$	$10^{-5}\,℃/s$	动力
暖平流	700	$\geqslant 1.5$	$10^{-5}\,℃/s$	动力
干平流	700	$\leqslant -8$	$10^{-5}\,℃/s$	动力
K 指数	/	$\geqslant 39$	℃	不稳定
$\Delta\theta_{se}$	500—850	$\leqslant -6$	K	不稳定
MPV_1	925	$\leqslant -1.2$	PVU	不稳定
湿平流	700	$\geqslant 3$	$10^{-5}\,℃/s$	水汽
湿舌（区）	925	$\geqslant 19$	℃	水汽
水汽通量散度	925	$\leqslant -24$	$10^{-8}\,g \cdot cm^{-2} \cdot hPa^{-1} \cdot s^{-1}$	水汽

三、中尺度天气系统三维结构图

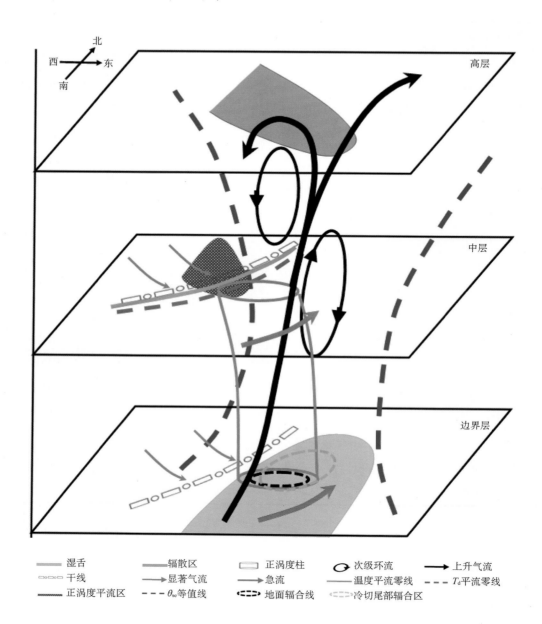

湿舌	辐散区	正涡度柱	次级环流	上升气流
干线	显著气流	急流	温度平流零线	T_d平流零线
正涡度平流区	θ_{se}等值线	地面辐合线	冷切尾部辐合区	

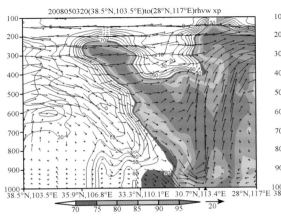

2008 年 5 月 3 日 20 时相对湿度和风场垂直分布（斜剖）（相对湿度单位：％）

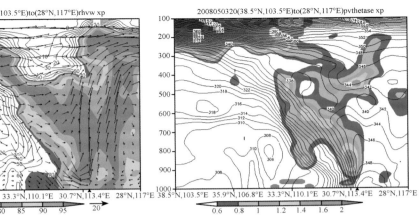

2008 年 5 月 3 日 20 时位涡和假相当位温垂直分布（斜剖）（单位：PVU，K）

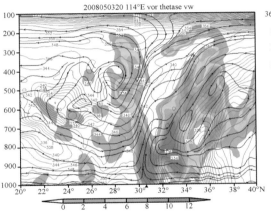

2008 年 5 月 3 日 20 时沿 114°E 涡度和假相当位温垂直分布（单位：10^{-5} s^{-1}）

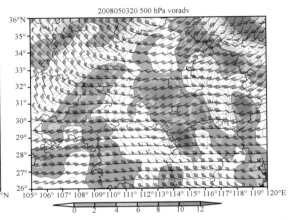

2008 年 5 月 3 日 20 时 500 hPa 涡度平流（单位：10^{-9} s^{-2}）

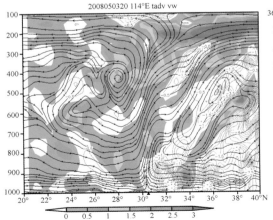

2008 年 5 月 3 日 20 时沿 114°E 温度平流垂直分布（单位：10^{-5} ℃/s）

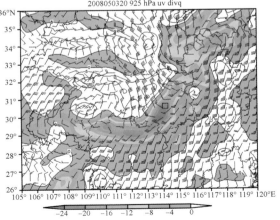

2008 年 5 月 3 日 20 时 925 hPa 水汽通量散度（单位：10^{-8} g·cm^{-2}·hPa^{-1}·s^{-1}）

1.2.2　2008 年 5 月 27 日(老河口)

编号:20080527-1-02

一、中尺度天气条件及暴雨落区

1. 暴雨中心:老河口,1 小时最大雨量 39 mm,3 小时累积雨量达 53 mm。

2. 主要中尺度天气系统:

(1)700 hPa 干线

(2)500 hPa 正涡度平流区

(3)700 hPa 冷切尾部辐合区

(4)700 hPa、850 hPa、925 hPa 显著湿区

(5)地面辐合区

3. 动力条件:

(1)暴雨发生前 12 h,河南西北部有一条东北—西南向干线(700 hPa 9℃/100 km)向东南偏东方向移动,至暴雨发生时,其前沿分裂出一股弱冷空气快速南移,在暴雨区北侧形成干线(700 hPa 5℃/100 km)。干线北侧偏北气流与南方暖湿气流在暴雨区附近交汇,加强了上升运动;同时,垂直方向上,暴雨发生前 12 h,相对湿度<70%的干区[1]自对流层中高层呈漏斗状逐渐向下侵入低层湿区。111.5°E,35°N,500 hPa 附近高位涡(1.2 PVU)沿等熵面($\theta_{se}=342$ K)向南下传,导致暴雨区绝对涡度增加(700 hPa 涡度 0→6×10^{-5} s^{-1})。

(2)暴雨发生前 6 h,500 hPa 河南—鄂西北一带正涡度平流区加强(0.5×10^{-9}→2×10^{-9} s^{-2})并逐渐向暴雨区上空移动,促使暴雨区附近冷切尾部(700 hPa 偏北气流 10 m/s,西南气流 6 m/s)辐合加强(700 hPa 散度 0→-4×10^{-5} s^{-1})。

(3)地面冷锋快速南压,对锋前暖湿气团起到强迫抬升作用。

(4)暴雨发生前 2 h,地面有西北、偏东和偏南三支显著气流在鄂西北形成汇合,并逐渐东移(地面散度中心-5×10^{-5} s^{-1}),有利于地面辐合抬升和中尺度对流的触发。

(5)暴雨发生前 12 h,陕西南部高层散度中心加强(200 hPa 1×10^{-5}→8×10^{-5} s^{-1}),并向东南方向移动,导致暴雨区高层辐散抽吸作用加强。

综上所述,本次暴雨是对流层中高层高位涡干冷空气源向下向南侵入,与中低层西南暖湿气流交汇,加之 500 hPa 正涡度平流区加强东移,与冷切尾部辐合区叠加,配合锋面抬升、地面辐合、高层辐散等动力条件共同作用结果。

4. 水汽条件:

(1)暴雨发生前 12 h,有一显著湿区自湖南向安徽南部伸展,并维持(925 hPa $T_d\geqslant19$℃)少变,暴雨区位于湿区北侧边缘。

(2)暴雨发生前 12 h,在暴雨区南侧湿平流加强(700 hPa 0→0.5×10^{-5}℃/s),表明有水汽向暴雨区输送。

(3)暴雨发生前 12 h,陕西南部—河南南部有水汽辐合中心(700 hPa div$Q$:0→-2×10^{-8} g·cm^{-2}·hPa^{-1}·s^{-1})向东南方向移经暴雨区。

5. 不稳定条件:

(1)暴雨发生前 12 h,中层干冷空气逐渐入侵,暴雨区上空假相当位温随高度递减

$(\Delta\theta_{se(500-850)} \leqslant -2\ \mathrm{K})$，维持较强对流不稳定；

（2）暴雨发生时，在 925 hPa 有湿位涡 MPV_1 项（$\leqslant -0.3$ PVU）负值中心与暴雨区配合，表明边界层湿不稳定能量加强；

（3）暴雨发生前 12 h，暴雨区上空 K 指数$\geqslant 38$℃，并稳定维持。

6. 暴雨落区：

（1）700 hPa 干线南侧 50 km 以内；

（2）700 hPa 冷切尾部辐合区中；

（3）地面辐合区中心附近；

（4）700 hPa 干湿冷暖平流零线附近靠近干冷平流一侧 50 km 以内；

（5）700 hPa 水汽通量辐合区与 K 指数大值区的重叠区域。

综上所述，暴雨落区位于 700 hPa 干线南侧 50 km 以内，700 hPa 冷切尾部辐合区，地面辐合区，700 hPa 干湿冷暖平流零线靠近干冷平流一侧，以及 700 hPa 水汽通量辐合区和 K 指数大值区等重合区域。

二、中尺度天气分析参考值

物理量名称	层次(hPa)	参考值	单位及量级	备注
偏北显著气流	700	$\geqslant 10$	m/s	动力
偏南显著气流	700	$\geqslant 6$	m/s	动力
散度	200	$\geqslant 8$	$10^{-5}\,\mathrm{s}^{-1}$	动力
涡度	700	$\geqslant 6$	$10^{-5}\,\mathrm{s}^{-1}$	动力
位涡高值区	500	$\geqslant 1.2$	PVU	动力
位涡低值区	450	$\leqslant -0.4$	PVU	动力
涡度平流	500	$\geqslant 2$	$10^{-9}\,\mathrm{s}^{-2}$	动力
锋生函数	700	$\geqslant 20$	$\mathrm{K \cdot hPa^{-1} \cdot s^{-3}}$	动力
MPV_2	500	$\leqslant -1.2$	PVU	动力
冷平流	700	$\leqslant -0.5$	$10^{-5}\,℃/\mathrm{s}$	动力
暖平流	700	$\geqslant 0.5$	$10^{-5}\,℃/\mathrm{s}$	动力
干平流	700	$\leqslant -0.5$	$10^{-5}\,℃/\mathrm{s}$	动力
K 指数	/	$\geqslant 38$	℃	不稳定
$\Delta\theta_{se}$	$500-850$	$\leqslant -2$	K	不稳定
MPV_1	925	$\leqslant -0.3$	PVU	不稳定
湿平流	700	$\geqslant 0.5$	$10^{-5}\,℃/\mathrm{s}$	水汽
湿舌(区)	925	$\geqslant 19$	℃	水汽
水汽通量散度	700	$\leqslant -2$	$10^{-8}\,\mathrm{g \cdot cm^{-2} \cdot hPa^{-1} \cdot s^{-1}}$	水汽

三、中尺度天气系统三维结构图

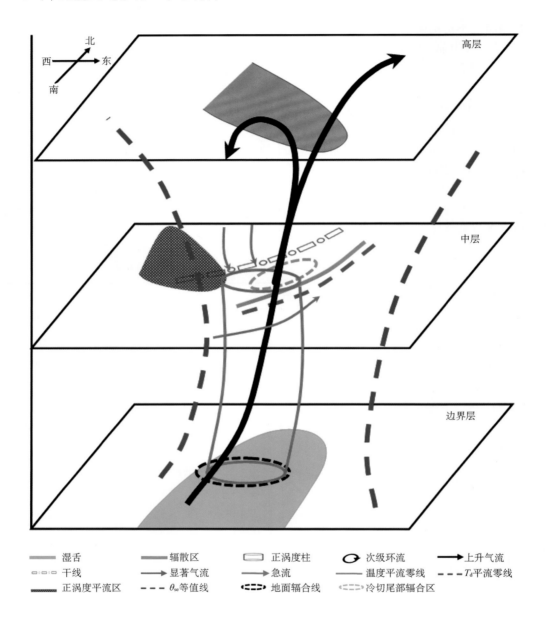

	湿舌		辐散区		正涡度柱		次级环流		上升气流
	干线		显著气流		急流		温度平流零线		T_d平流零线
	正涡度平流区		θ_{se}等值线		地面辐合线		冷切尾部辐合区		

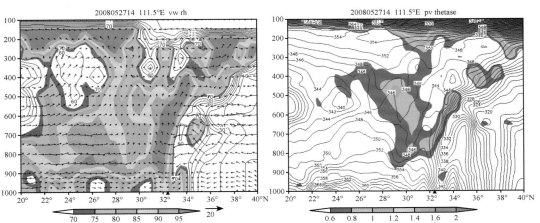

2008年5月27日14时沿111.5°E相对湿度和风场垂直分布(相对湿度单位:%)

2008年5月27日14时沿111.5°E位涡和假相当位温垂直分布(单位:PVU,K)

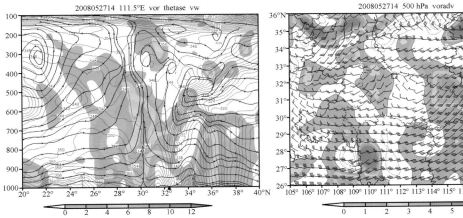

2008年5月27日14时沿111.5°E涡度和假相当位温垂直分布(单位:10^{-5}s^{-1},K)

2008年5月27日14时500 hPa涡度平流(单位:10^{-9}s^{-2})

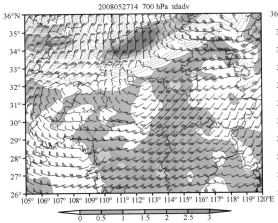

2008年5月27日14时700 hPa露点温度平流(单位:10^{-5}℃/s)

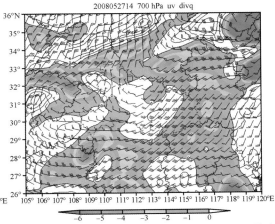

2008年5月27日14时700 hPa水汽通量散度(单位:$10^{-8}\text{g}\cdot\text{cm}^{-2}\cdot\text{hPa}^{-1}\cdot\text{s}^{-1}$)

1.2.3　2008年6月22日(长阳)

编号:20080622-1-03

一、中尺度天气条件及暴雨落区

1. 暴雨中心:长阳,1小时最大雨量42 mm,3小时累积雨量达76 mm。

2. 主要中尺度天气系统:

(1)700 hPa、850 hPa、925 hPa干线

(2)500 hPa正涡度平流区

(3)850 hPa、925 hPa冷切尾部辐合区

(4)925 hPa湿舌

(5)地面辐合线

(6)中高层次级环流

3. 动力条件:

(1)暴雨发生前6 h,陕西南部至鄂西北有一条东西向干线(850 hPa 5℃/100 km),向南快速移动至暴雨区北侧边缘,强度维持。干线北侧偏北气流与南方暖湿气流在暴雨区附近交汇,加强了上升运动;同时,垂直方向上,暴雨发生前6 h,相对湿度<70%的干区自对流层中高层呈楔状迅速向下侵入低层湿区。111.5°E、35°N 400 hPa附近高位涡(1.3 PVU)沿等熵面($\theta_{se}=348$ K)向南下传,导致暴雨区绝对涡度增加(850 hPa涡度0→8×10^{-5} s^{-1})。

(2)暴雨发生前6 h,500 hPa重庆东部至湖北西部有一正涡度平流区(1×10^{-9}→4×10^{-9} s^{-2})并逐渐向暴雨区上空移动,促使暴雨区附近冷切尾部(850 hPa偏北气流6 m/s,西南气流6 m/s)辐合加强(850 hPa涡度0→8×10^{-5} s^{-1})。

(3)地面冷锋快速南压,对锋前暖湿气团起到强迫抬升作用。

(4)暴雨发生前1 h,长阳附近有偏北风和偏南风形成的南北向地面辐合线,有利于地面辐合抬升和中尺度对流的触发。

(5)暴雨发生前6 h,宜昌地区高层辐散加强(200 hPa 3×10^{-5}→4×10^{-5} s^{-1}),导致暴雨区高层辐散抽吸作用加强,配合高层次级环流有利于暴雨区上空气流加速流出。

综上所述,本次暴雨是对流层中高层干冷空气源向下向南侵入,与中低层西南暖湿气流交汇,加之500 hPa正涡度平流与冷切尾部辐合区叠加,配合锋面抬升、地面辐合、高层辐散等动力条件共同作用结果。

4. 水汽条件:

(1)暴雨发生前6 h,边界层有湿舌在鄂西南形成发展,并稳定维持(925 hPa $T_d\geqslant22$℃),暴雨区位于湿舌顶端。

(2)暴雨发生前6 h,暴雨区南侧湿平流加强(700 hPa 1×10^{-5}→2×10^{-5}℃/s),表明有水汽向暴雨区输送。

(3)暴雨发生前6 h,重庆东北部有水汽辐合中心向东南方向移经暴雨区,强度维持(850 hPa div$Q=-12\times10^{-8}$g・cm^{-2}・hPa^{-1}・s^{-1})。

5. 不稳定条件:

(1)暴雨发生前6 h,中层干冷空气逐渐入侵,暴雨区上空假相当位温随高度递减

$(\Delta\theta_{se(500-850)}\leqslant-4\ \mathrm{K})$，维持较强对流不稳定；

（2）暴雨发生前 6 h，在 925 hPa 有湿位涡 $\mathrm{MPV_1}$ 项（$\leqslant-0.5$ PVU）负值中心与暴雨区配合，表明边界层有湿不稳定能量维持；

（3）暴雨发生前 6 h，暴雨区上空 K 指数$\geqslant39℃$，并稳定维持。

6. 暴雨落区：

（1）850 hPa 干线南侧 100 km 以内；

（2）850 hPa、925 hPa 冷切尾部辐合区中；

（3）地面辐合线东侧 30 km 以内；

（4）700 hPa 干湿冷暖平流零线附近靠近暖湿平流一侧 100 km 以内；

（5）925 hPa 湿舌顶端；

（6）850 hPa 水汽通量辐合区与 K 指数大值区的重叠区域。

综上所述，暴雨落区位于 850 hPa 干线南侧 100 km 以内，850 hPa、925 hPa 冷切尾部辐合区，地面辐合线东侧，700 hPa 干湿冷暖平流零线附近靠近暖湿平流一侧，925 hPa 湿舌顶端以及 850 hPa 水汽通量辐合区和 K 指数大值区等重合区域。

二、中尺度天气分析参考值

物理量名称	层次(hPa)	参考值	单位及量级	备注
偏北显著气流	850	$\geqslant6$	m/s	动力
偏南显著气流	850	$\geqslant6$	m/s	动力
散度	200	$\geqslant4$	$10^{-5}\,\mathrm{s}^{-1}$	动力
涡度	850	$\geqslant8$	$10^{-5}\,\mathrm{s}^{-1}$	动力
位涡高值区	400	$\geqslant1.3$	PVU	动力
位涡低值区	300	$\leqslant-0.2$	PVU	动力
涡度平流	500	$\geqslant4$	$10^{-9}\,\mathrm{s}^{-2}$	动力
锋生函数	850	$\geqslant20$	$\mathrm{K\cdot hPa^{-1}\cdot s^{-3}}$	动力
$\mathrm{MPV_2}$	600	$\leqslant-0.5$	PVU	动力
冷平流	700	$\leqslant-0.5$	$10^{-5}\,℃/s$	动力
暖平流	700	$\geqslant0.5$	$10^{-5}\,℃/s$	动力
干平流	700	$\geqslant-8$	$10^{-5}\,℃/s$	动力
K 指数	/	$\geqslant39$	℃	不稳定
$\Delta\theta_{se}$	$500-850$	$\leqslant-4$	K	不稳定
$\mathrm{MPV_1}$	925	$\leqslant-0.5$	PVU	不稳定
湿平流	700	$\geqslant2$	$10^{-5}\,℃/s$	水汽
湿舌（区）	925	$\geqslant22$	℃	水汽
水汽通量散度	850	$\leqslant-12$	$10^{-8}\,\mathrm{g\cdot cm^{-2}\cdot hPa^{-1}\cdot s^{-1}}$	水汽

三、中尺度天气系统三维结构图

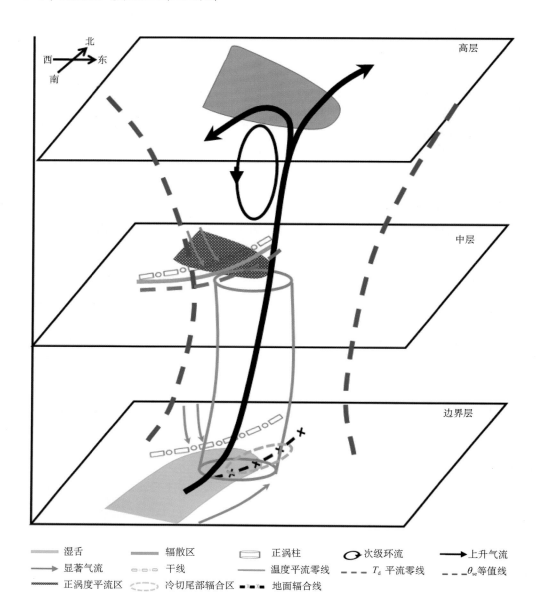

湿舌	辐散区	正涡柱	次级环流	上升气流
显著气流	干线	温度平流零线	T_d 平流零线	θ_{se} 等值线
正涡度平流区	冷切尾部辐合区	地面辐合线		

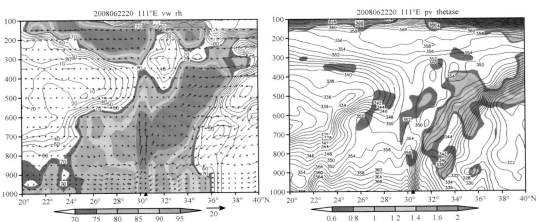

2008年6月22日20时沿111°E相对湿度和风场垂直分布(相对湿度单位:%)

2008年6月22日20时沿111°E位涡和假相当位温垂直分布(单位:PVU,K)

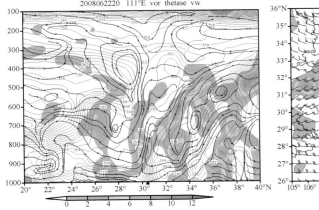

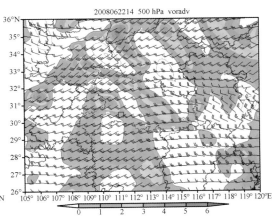

2008年6月22日20时沿111°E涡度和假相当位温垂直分布(单位:10^{-5} s^{-1},K)

2008年6月22日14时500 hPa涡度平流(单位:10^{-9} s^{-2})

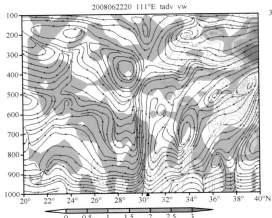

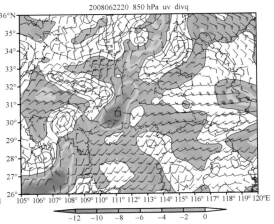

2008年6月22日20时沿111°E温度平流垂直分布(单位:10^{-5}℃/s)

2008年6月22日20时850 hPa水汽通量散度(单位:10^{-8} g·cm^{-2}·hPa^{-1}·s^{-1})

1.2.4 2008 年 7 月 1 日(襄阳)

编号:20080701-1-04

一、中尺度天气条件及暴雨落区

1. 暴雨中心:襄阳、宜城、钟祥,1 小时最大雨量 49 mm(襄阳),3 小时累积雨量最大达 73 mm(钟祥)。

2. 主要中尺度天气系统:

(1)500 hPa、700 hPa、850 hPa 干线

(2)700 hPa 正涡度平流区

(3)700 hPa、850 hPa、925 hPa 冷切尾部辐合区

(4)700 hPa、850 hPa、925 hPa 急流

(5)700 hPa、850 hPa、925 hPa 湿舌

(6)地面辐合线

(7)中高层次级环流

3. 动力条件:

(1)暴雨发生前 12 h,陕西东南部有一条西南—东北向干线(700 hPa 6℃/100 km),向东南偏东方向移动,至暴雨发生时,移至暴雨区北侧,强度加强(700 hPa 12℃/100 km)。干线北侧偏北气流与南方暖湿气流在暴雨区附近交汇,加强了上升运动;同时,垂直方向上,暴雨发生前 12 h,相对湿度<70%的干区自对流层高层逐渐向下伸展。112°E,33°N,500 hPa 附近高位涡(2.3 PVU)沿等熵面(θ_{se}=344 K)向南下传,导致暴雨区绝对涡度增加(700 hPa 涡度 0→6×10^{-5} s^{-1})。

(2)暴雨发生前 6 h,河南南部 700 hPa 正涡度平流区加强(4×10^{-9}→10×10^{-9} s^{-2})向暴雨区移动,促使中低层冷切尾部辐合加强(850 hPa 散度 0→−4×10^{-5} s^{-1})。

(3)暴雨发生前 6 h,湖南至江汉平原一带西南急流加强(700 hPa 风速 10→14 m/s),其出口区左侧的气旋性辐合为暴雨区提供上升运动。

(4)地面冷锋快速南压,对锋前暖湿气团起到强迫抬升作用。

(5)暴雨发生前 3 h,暴雨区附近有偏北风和偏南风形成的地面辐合线东移加强(地面散度中心−10×10^{-5}→−20×10^{-5} s^{-1}),有利于地面辐合抬升和中尺度对流的触发。

(6)暴雨发生前 6 h,鄂西北东部上空散度中心加强(200 hPa 3×10^{-5}→15×10^{-5} s^{-1}),高层辐散抽吸作用加强,配合高层次级环流有利于暴雨区上空气流加速流出。

综上所述,本次暴雨是对流层中高层高位涡干冷空气源向下向南侵入,与中低层西南暖湿气流交汇,加之 700 hPa 正涡度平流区东移加强与冷切尾部辐合区叠加,配合锋面抬升、地面辐合、高层辐散等动力条件共同作用结果。

4. 水汽条件:

(1)暴雨发生前 6 h,在鄂西南至鄂北有一深厚湿舌(700 hPa≥9℃;850 hPa T_d≥17℃;925 hPa≥20℃),维持少变,暴雨区位于湿舌顶部。

(2)暴雨发生前 6 h,鄂西北湿平流区东移,暴雨区处在湿平流中(700 hPa 1×10^{-5} ℃/s),表明有水汽向暴雨区输送。

(3)暴雨发生前 12 h,鄂西北东部水汽通量散度中心(700 hPa −2×10^{-8}→−6×10^{-8} g·

$\mathrm{cm^{-2} \cdot hPa^{-1} \cdot s^{-1}}$）加强，形成较强水汽辐合中心。

5. 不稳定条件：

（1）暴雨发生前 12 h，鄂西北东部上空假相当位温随高度递减（$\Delta\theta_{se(500-850)} \leqslant -2$ K），维持较强对流不稳定；

（2）暴雨发生时，有湿位涡 $\mathrm{MPV_1}$ 项（$\leqslant -0.7$ PVU）负值中心与暴雨区配合，表明边界层湿不稳定能量明显加强；

（3）暴雨发生前 6 h，重庆至鄂西北 K 指数大值区（$\geqslant 39℃$）向东南方向移动，暴雨区上空不稳定加强。

6. 暴雨落区：

（1）700 hPa 干线南侧 100 km 以内；

（1）700 hPa、850 hPa、925 hPa 冷切尾部辐合区；

（2）700 hPa、850 hPa、925 hPa 西南急流出口区左侧 100 km 以内；

（3）地面辐合线东侧；

（4）700 hPa 干湿冷暖平流零线附近靠近暖湿平流一侧 100 km 以内；

（5）深厚湿舌顶部；

（6）水汽通量散度大值中心与 K 指数大值区重叠区域。

综上所述，暴雨落区位于 700 hPa 干线南侧 100 km 以内，冷切尾部辐合区，边界层西南急流出口区左侧以及地面辐合线东侧，700 hPa 干湿冷暖平流零线靠近暖湿平流一侧，湿舌顶部以及水汽通量散度和 K 指数大值中心重合区域。

二、中尺度天气分析参考值

物理量名称	层次(hPa)	参考值	单位及量级	备注
低层急流	700	$\geqslant 14$	m/s	动力
西北显著气流	700	$\geqslant 8$	m/s	动力
散度	200	$\geqslant 9$	$10^{-5}\ \mathrm{s^{-1}}$	动力
涡度	925	$\geqslant 12$	$10^{-5}\ \mathrm{s^{-1}}$	动力
位涡高值区	500	$\geqslant 2.3$	PVU	动力
位涡低值区	350	$\leqslant -0.7$	PVU	动力
涡度平流	700	$\geqslant 10$	$10^{-9}\ \mathrm{s^{-2}}$	动力
锋生函数	700	$\geqslant 30$	$\mathrm{K \cdot hPa^{-1} \cdot s^{-3}}$	动力
$\mathrm{MPV_2}$	500	$\leqslant -3$	PVU	动力
冷平流	700	$\leqslant -0.6$	$10^{-5}\ ℃/\mathrm{s}$	动力
暖平流	700	$\geqslant 1.25$	$10^{-5}\ ℃/\mathrm{s}$	动力
干平流	700	$\leqslant -2$	$10^{-5}\ ℃/\mathrm{s}$	动力
K 指数	/	$\geqslant 39$	℃	不稳定
$\Delta\theta_{se}$	$500-850$	$\leqslant -6$	K	不稳定
$\mathrm{MPV_1}$	700	$\leqslant -0.7$	PVU	不稳定
湿平流	700	$\geqslant 1$	$10^{-5}\ ℃/\mathrm{s}$	水汽
湿舌(区)	925	$\geqslant 20$	℃	水汽
水汽通量散度	925	$\leqslant -12$	$10^{-8}\ \mathrm{g \cdot cm^{-2} \cdot hPa^{-1} \cdot s^{-1}}$	水汽

三、中尺度天气系统三维结构图

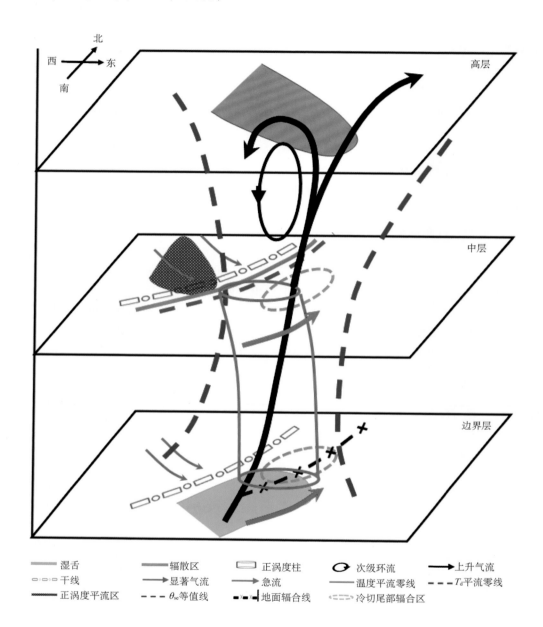

	湿舌		辐散区		正涡度柱		次级环流		上升气流
	干线		显著气流		急流		温度平流零线		T_d平流零线
	正涡度平流区		θ_{se}等值线		地面辐合线		冷切尾部辐合区		

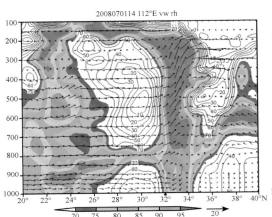

2008 年 7 月 1 日 14 时沿 112°E 相对湿度和风场垂直分布（相对湿度单位：%）

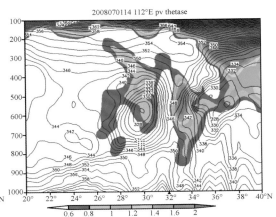

2008 年 7 月 1 日 14 时沿 112°E 位涡和假相当位温垂直分布（单位：PVU，K）

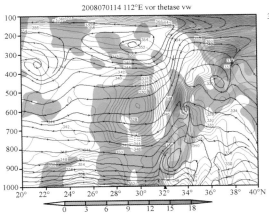

2008 年 7 月 1 日 14 时沿 112°E 涡度和假相当位温垂直分布（单位：$10^{-5}\,s^{-1}$，K）

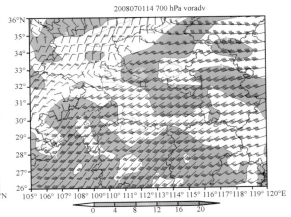

2008 年 7 月 1 日 14 时 700 hPa 涡度平流（单位：$10^{-9}\,s^{-2}$）

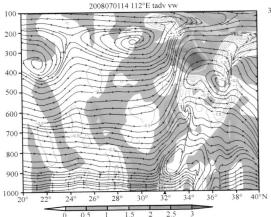

2008 年 7 月 1 日 14 时沿 112°E 温度平流垂直分布（单位：$10^{-5}\,℃/s$）

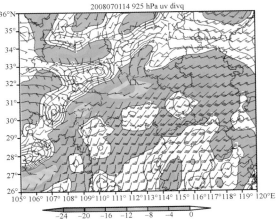

2008 年 7 月 1 日 14 时 925 hPa 水汽通量散度（单位：$10^{-8}\,g\cdot cm^{-2}\cdot hPa^{-1}\cdot s^{-1}$）

1.2.5 2008 年 7 月 2 日(红安)

编号:20080702-1-05

一、中尺度天气条件及暴雨落区

1. 暴雨中心:鄂东北北部,1 小时最大雨量 48 mm(红安),3 小时累积雨量最大达 119 mm(红安)。

2. 主要中尺度天气系统:

(1)500 hPa、700 hPa 干线

(2)700 hPa 正涡度平流区

(3)700 hPa 冷切尾部辐合区

(4)700 hPa、850 hPa、925 hPa 急流

(5)700 hPa、850 hPa、925 hPa 湿舌

(6)地面辐合线

3. 动力条件:

(1)暴雨发生前 6 h,鄂西北有一条西南—东北向干线(700 hPa 12℃/100 km)向东移动,干线北侧有一股干空气穿过干线,与其前部暖湿空气交汇,促使暴雨区上升运动加强。114.5°E,33°N,500 hPa 附近高位涡(1.8 PVU)沿等熵面($\theta_{se}=344$ K)向南下传,导致暴雨区绝对涡度增加(925 hPa 涡度 $3\times10^{-5}\rightarrow6\times10^{-5}$ s^{-1})。

(2)暴雨发生前 12 h,鄂西北一带 700 hPa 正涡度平流区加强($10\times10^{-9}\rightarrow20\times10^{-9}$ s^{-2})并向暴雨区移动,促使冷切尾部辐合加强(700 hPa 散度 $0\rightarrow-2\times10^{-5}$ s^{-1})。

(3)暴雨发生前 6 h,湖南至鄂东北—西南急流加强(850 hPa 风速 $14\rightarrow20$ m/s),急流出口区左侧有上升运动发展;

(4)暴雨发生前 3 h,鄂东北有偏北风和偏南风形成的南北向地面辐合线东移加强(地面散度中心 $-12\times10^{-5}\rightarrow-23\times10^{-5}$ s^{-1}),有利于地面辐合抬升和中尺度对流的触发。

(5)暴雨发生前 6 h,河南南部上空散度中心加强南移至鄂东北西部(200 hPa $0\rightarrow12\times10^{-5}$ s^{-1}),高层辐散抽吸作用加强。

综上所述,本次暴雨是北方深厚干冷空气向南入侵,与南方暖湿气流强烈交汇,加之 700 hPa 正涡度平流区加强东移与冷切尾部辐合区叠加,配合地面辐合、高层辐散等动力条件共同作用结果。

4. 水汽条件:

(1)暴雨发生前 6 h,在江汉平原至鄂东北有一深厚狭窄湿舌东移,(700 hPa $T_d\geqslant9℃$;850 hPa $T_d\geqslant17℃$;925 hPa $T_d\geqslant20℃$)。

(2)暴雨发生前 6 h,在湿舌内有湿平流明显加强(700 hPa $0.5\times10^{-5}\rightarrow5\times10^{-5}$ ℃/s),表明有较强水汽向暴雨区输送。

(3)暴雨发生前 12 h,湖北中部边界层水汽通量散度中心区域(925 hPa $-8\times10^{-8}\rightarrow-12\times10^{-8}$ g·cm^{-2}·hPa^{-1}·s^{-1})东移,在鄂东北西部形成水汽辐合中心。

5. 不稳定条件:

(1)暴雨发生时,暴雨区上空假相当位温随高度递减($\Delta\theta_{se(500-850)}\leqslant-4$ K),维持较强对流

不稳定；

（2）暴雨发生时，在 925 hPa 有湿位涡 MPV_1 项（$\leqslant -0.5$ PVU）负值中心与暴雨区配合，表明边界层湿不稳定能量明显加强；

（3）暴雨发生前 6 h，K 指数大值区（$\geqslant 39℃$）东移，暴雨区上空不稳定加强。

6. 暴雨落区：

（1）700 hPa 干线南侧 100 km 以内；

（2）700 hPa 冷切尾部辐合区中；

（3）700 hPa、850 hPa、925 hPa 西南急流出口区左侧 100 km 以内；

（4）地面辐合线东侧；

（5）700 hPa 暖湿平流中心附近；

（6）深厚湿舌顶部；

（7）水汽通量散度大值中心与 K 指数大值区重叠区域。

综上所述，暴雨落区位于 700 hPa 冷切尾部辐合区、边界层西南急流出口区左侧，地面辐合线东侧，700 hPa 暖湿平流中心附近，湿舌顶部以及水汽通量散度和 K 指数大值中心重合区域。

二、中尺度天气分析参考值

物理量名称	层次(hPa)	参考值	单位及量级	备注
低层急流	700	$\geqslant 20$	m/s	动力
西北显著气流	700	$\geqslant 8$	m/s	动力
散度	200	$\geqslant 15$	$10^{-5}\,s^{-1}$	动力
涡度	700	$\geqslant 6$	$10^{-5}\,s^{-1}$	动力
位涡高值区	500	$\geqslant 1.8$	PVU	动力
位涡低值区	/	/	PVU	动力
涡度平流	700	$\geqslant 20$	$10^{-9}\,s^{-2}$	动力
锋生函数	500	$\geqslant 30$	$K \cdot hPa^{-1} \cdot s^{-3}$	动力
MPV_2	450	$\leqslant -2.1$	PVU	动力
冷平流	700	$\leqslant -1.5$	$10^{-5}℃/s$	动力
暖平流	700	$\geqslant 1$	$10^{-5}℃/s$	动力
干平流	700	$\leqslant -5$	$10^{-5}℃/s$	动力
K 指数	/	$\geqslant 39$	℃	不稳定
$\Delta\theta_{se}$	$500-850$	$\leqslant -4$	K	不稳定
MPV_1	925	$\leqslant -0.5$	PVU	不稳定
湿平流	700	$\geqslant 5$	$10^{-5}℃/s$	水汽
湿舌(区)	925	$\geqslant 20$	℃	水汽
水汽通量散度	925	$\leqslant -12$	$10^{-8}\,g \cdot cm^{-2} \cdot hPa^{-1} \cdot s^{-1}$	水汽

三、中尺度天气系统三维结构图

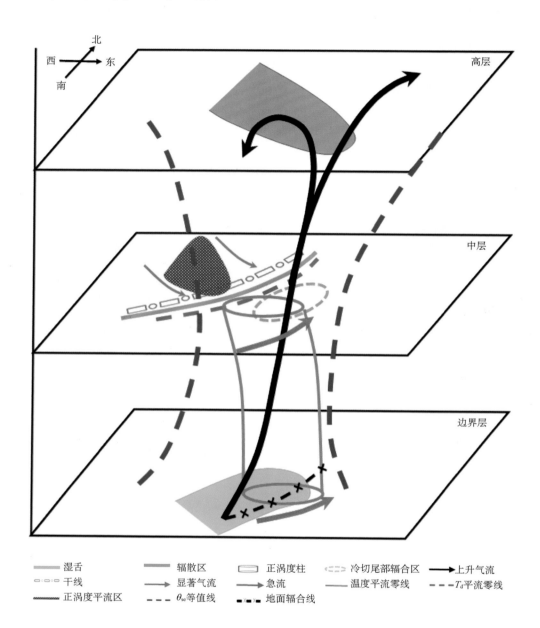

▬ 湿舌	▬ 辐散区	▭ 正涡度柱	⬭ 冷切尾部辐合区	➤ 上升气流
▭▭ 干线	➤ 显著气流	➤ 急流	▬ 温度平流零线	▬ ▬ T_d平流零线
▬▬ 正涡度平流区	▬ ▬ θ_{se}等值线	✕ ✕ 地面辐合线		

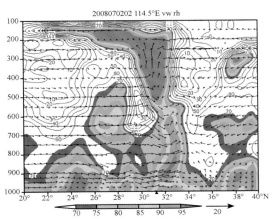

2008 年 7 月 2 日 02 时沿 114.5°E 相对湿度和风场垂直分布（相对湿度单位：%）

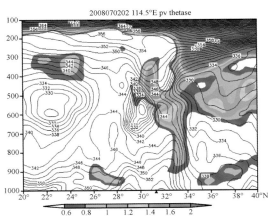

2008 年 7 月 2 日 02 时沿 114.5°E 位涡和假相当位温垂直分布（单位：PVU，K）

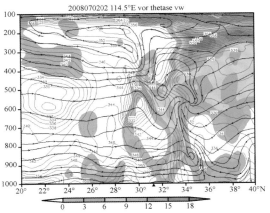

2008 年 7 月 2 日 02 时沿 114.5°E 涡度和假相当位温垂直分布（单位：$10^{-5} s^{-1}$，K）

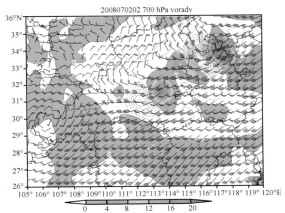

2008 年 7 月 2 日 02 时 700 hPa 涡度平流（单位：$10^{-9} s^{-2}$）

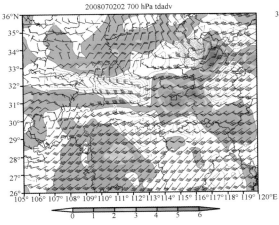

2008 年 7 月 2 日 02 时 700 hPa 露点温度平流（单位：$10^{-5} ℃/s$）

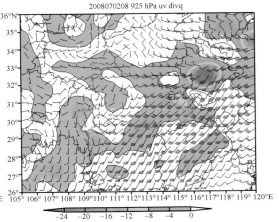

2008 年 7 月 2 日 08 时 925 hPa 水汽通量散度（单位：$10^{-8} g \cdot cm^{-2} \cdot hPa^{-1} \cdot s^{-1}$）

1.2.6　2010 年 7 月 14 日(崇阳)

编号:20100714-1-06

一、中尺度天气条件及暴雨落区

1. 暴雨中心:崇阳、金沙附近,1 小时最大雨量 61 mm,3 小时累积雨量最大达 104 mm。

2. 主要中尺度天气系统:

(1)500 hPa 干舌

(2)500 hPa 正涡度平流区

(3)700 hPa、850 hPa 冷切尾部辐合区

(4)925 hPa 湿舌

(5)地面辐合线

(6)中高层次级环流

3. 动力条件:

(1)暴雨发生时,位于江苏—安徽东部的干舌(500 hPa $T_d \leqslant -10$℃)迅速向湖北东部入侵;垂直剖面上,500～300 hPa 相对湿度<70%的干区呈舌状在中高层强烈偏北气流引导下侵入暴雨区上空,迫使暴雨区深厚湿空气抬升。

(2)暴雨发生前 6 h,500 hPa 江汉平原一带正涡度平流区加强($0 \rightarrow 1 \times 10^{-9}$ s^{-2})并逐渐向暴雨区上空移动,促使暴雨区附近冷切尾部(700 hPa 偏北气流 8 m/s,偏西气流 8 m/s)辐合加强(700 hPa 涡度 $1 \times 10^{-5} \rightarrow 6 \times 10^{-5}$ s^{-1})。

(3)暴雨发生前 1 h,暴雨区附近地面上有偏北风和西南风的辐合(地面散度 -2×10^{-5} s^{-1}),有利于地面辐合抬升。

(4)暴雨发生前 6 h,咸宁地区上空散度中心加强发展($9 \times 10^{-5} \rightarrow 11 \times 10^{-5}$ s^{-1}),高层辐散抽吸作用加强,配合高层次级环流有利于暴雨区上空气流加速流出。

综上所述,本次暴雨是高层干舌侵入深厚湿层之上,加之 500 hPa 正涡度平流区加强东移,与冷切尾部辐合区叠加,配合地面辐合、高层辐散等动力条件共同作用结果。

4. 水汽条件:

(1)暴雨发生前 12 h,咸宁地区处在深厚的湿层中,暴雨发生时,925 hPa 有湿舌形成($T_d \geqslant 21$℃)。

(2)暴雨发生前 12 h,925 hPa 一直位于湿平流中(0.5×10^{-5}℃/s),表明不断有水汽向暴雨区输送。

(3)暴雨发生前 6 h,鄂东南有水汽辐合中心(700 hPa 散度 $-12 \times 10^{-8} \rightarrow -14 \times 10^{-8}$ g·cm^{-2}·hPa^{-1}·s^{-1})加强发展。

5. 不稳定条件:

(1)暴雨发生时,中高层干冷空气以干舌形式快速入侵,叠加于深厚湿层之上,使得大气层结不稳定急速加剧($\Delta\theta_{se(500-850)} \leqslant -2 \rightarrow -10$ K)。

(2)暴雨发生时,在 925 hPa 有湿位涡 MPV$_1$ 项($\leqslant -0.3$ PVU)负值中心与暴雨区配合,表明边界层湿不稳定能量较强;

(3)暴雨发生前 12 h,暴雨区上空 K 指数 $\geqslant 39$℃,并稳定维持。

6. 暴雨落区：

(1)500 hPa 干舌与 925 hPa 湿舌重叠区；

(2)700 hPa 和 850 hPa 冷切尾部辐合区中；

(3)地面辐合线南侧 30 km 以内；

(4)低层暖湿平流区和高层干冷平区重叠区；

(5)925 至 700 hPa 水汽通量散度大值区与 K 指数大值区的重叠区域。

综上所述，暴雨落区位于 500 hPa 干舌与 925 hPa 湿舌重叠区、冷切尾部辐合区、地面辐合线南侧低层暖湿平流与高层干冷平流重叠区以及水汽通量散度和 K 指数大值中心等重合区域。

二、中尺度天气分析参考值

物理量名称	层次(hPa)	参考值	单位及量级	备注
边界层急流	/	/	m/s	动力
显著气流	/	/	m/s	动力
散度	200	$\geqslant 11$	$10^{-5}\,s^{-1}$	动力
涡度	700	$\geqslant 6$	$10^{-5}\,s^{-1}$	动力
位涡高值区	650	$\geqslant 1.2$	PVU	动力
位涡低值区	800	$\leqslant -1.2$	PVU	动力
涡度平流	500	$\geqslant 1$	$10^{-9}\,s^{-2}$	动力
锋生函数	700	$\geqslant 15$	$K \cdot hPa^{-1} \cdot s^{-3}$	动力
MPV_2	700	$\leqslant -0.5$	PVU	动力
冷平流	500	$\geqslant 0.0\,\&\leqslant 0.5$	$10^{-5}\,℃/s$	动力
暖平流	925	$\geqslant 0.5\,\&\leqslant 1$	$10^{-5}\,℃/s$	动力
干平流	500	$\leqslant -3\,\&\geqslant -4$	$10^{-5}\,℃/s$	动力
K 指数	/	$\geqslant 39$	℃	不稳定
$\Delta\theta_{se}$	$500-850$	$\leqslant -10$	K	不稳定
MPV_1	925	$\leqslant -0.3$	PVU	不稳定
湿平流	925	$\geqslant 0.0\,\&\leqslant 0.5$	$10^{-5}\,℃/s$	水汽
湿舌(区)	925	$\geqslant 21$	℃	水汽
水汽通量散度	700	$\leqslant -12$	$10^{-8}\,g \cdot cm^{-2} \cdot hPa^{-1} \cdot s^{-1}$	水汽

三、中尺度天气系统三维结构图

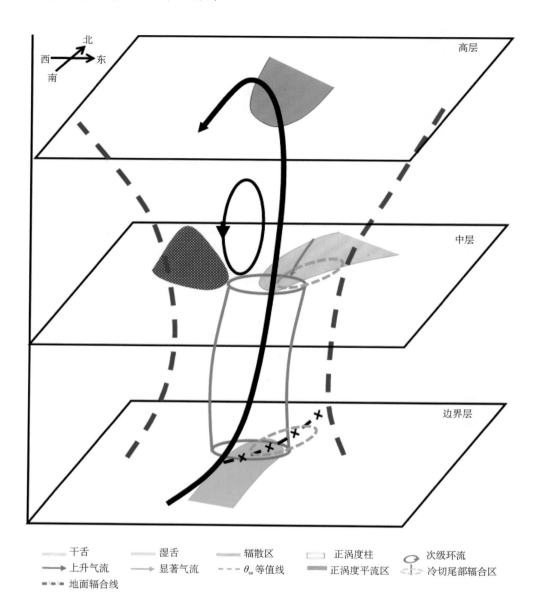

——干舌	——湿舌	——辐散区	▭ 正涡度柱	◉ 次级环流
→ 上升气流	→ 显著气流	--- θ_{se}等值线	▨ 正涡度平流区	✛ 冷切尾部辐合区
----地面辐合线				

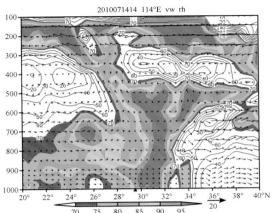

2010 年 7 月 14 日 14 时沿 114°E 相对湿度和风场垂直分布（相对湿度单位：%）

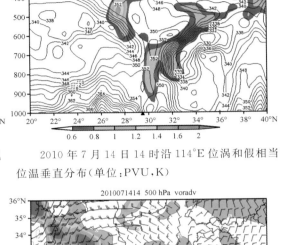

2010 年 7 月 14 日 14 时沿 114°E 位涡和假相当位温垂直分布（单位：PVU，K）

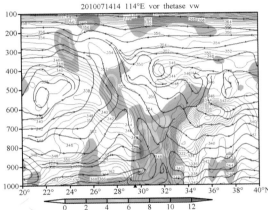

2010 年 7 月 14 日 14 时沿 114°E 涡度和假相当位温垂直分布（单位：10^{-5} s^{-1}，K）

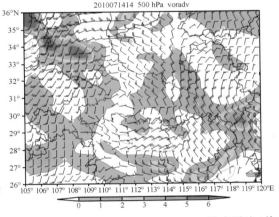

2010 年 7 月 14 日 14 时 500 hPa 涡度平流（单位：10^{-9} s^{-2}）

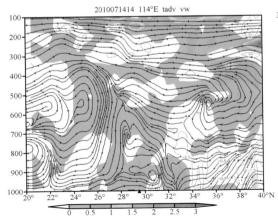

2010 年 7 月 14 日 14 时沿 114°E 温度平流垂直分布（单位：10^{-5} ℃/s）

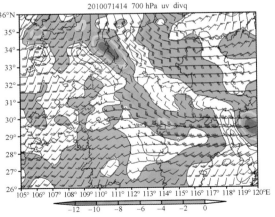

2010 年 7 月 14 日 14 时 700 hPa 水汽通量散度（单位：10^{-8} g · cm^{-2} · hPa^{-1} · s^{-1}）

1.2.7 2011 年 6 月 9 日(通城)

编号:20110609-1-07

一、中尺度天气条件及暴雨落区

1. 暴雨中心:咸宁地区,1 小时最大雨量 90 mm(通城),3 小时累积雨量最大达 197 mm(通城)。

2. 主要中尺度天气系统:

(1)925 hPa 干线

(2)925 hPa 干舌

(3)500 hPa 正涡度平流区

(4)850 hPa、925 hPa 中尺度低涡

(5)850 hPa、925 hPa 暖切顶部辐合区

(6)850 hPa、925 hPa 西南急流

(7)925 hPa 偏北显著气流

(8)850 hPa、925 hPa 湿舌

(9)地面辐合区

(10)中高层次级环流

3. 动力条件:

(1)暴雨发生前 12 h,河南南部有一准东西向干线(925 hPa 7℃/100 km),其北侧分裂一股干空气形成干舌(925 hPa 干舌中心 T_d:13℃)向南入侵。干线北侧偏北气流(14 m/s)与南方暖湿气流(16 m/s)在湖南中北部强烈交汇,有中尺度低涡发展;同时,垂直方向上,低涡西北方位有相对湿度 <70% 的干区自对流层高层向下侵入低层湿区。35°N、105.5°E 附近,400 hPa 以上高位涡(2 PVU)沿等熵面(θ_{se}=346 K)快速向南下传,导致中尺度低涡绝对涡度增加,促使低涡迅速加强。

(2)暴雨发生前 6 h,500 hPa 湖南北部—鄂西南一带正涡度平流区加强($4\times10^{-9}\rightarrow12\times10^{-9}\,s^{-2}$)并逐渐向暴雨区上空移动,中尺度低涡进一步加强(925 hPa $4\times10^{-5}\rightarrow20\times10^{-5}\,s^{-1}$)。

(3)中尺度低涡右前方暖切顶部及西南急流出口区左侧的气旋性辐合为暴雨区提供了强烈的上升运动。

(4)地面冷锋快速南压,对锋前暖湿气团起到强迫抬升作用。

(5)暴雨发生前 1 h,地面有偏北、偏东和偏南三支显著气流在咸宁地区汇合(地面散度中心 $-5\times10^{-5}\,s^{-1}$),有利于暴雨区辐合上升运动。

(6)暴雨发生前 6 h,湖北中东部 200 hPa 南亚高压北侧气流分流形成强烈辐散(200 hPa 散度中心 $3\times10^{-5}\,s^{-1}$),抽吸作用加强低涡上升运动,配合高层次级环流有利于暴雨区上空气流加速流出。

综上所述,本次暴雨是边界层干冷空气与南方暖湿气流强烈交汇加之对流层中高层高位涡下传,500 hPa 正涡度平流区加强东移,促使中尺度低涡发展,低涡右前方暖切顶部辐合区与西南急流出口区左侧的强烈辐合上升,配合锋面抬升、地面辐合、高层辐散等动力条件共同作用结果。

4. 水汽条件:

(1)暴雨发生前 12 h,有一湿舌自湖南向安徽南部伸展,并维持(925 hPa $T_d \geqslant 20℃$)少变,暴雨区位于湿舌顶部。

（2）暴雨发生前 12 h，湖南北部湿平流北抬至暴雨区（850 hPa 0→0.5×10⁻⁵℃/s），表明有水汽向暴雨区输送。

（3）暴雨发生前 6 h，湖南北部有水汽辐合中心（925 hPa divQ：$-2×10^{-8}→-8×10^{-8}$ g·cm⁻²·hPa⁻¹·s⁻¹）向北移至暴雨区。

5. 不稳定条件：

（1）暴雨发生前 12 h，暴雨区上空假相当位温随高度递减（$\Delta\theta_{se(500-850)}\leqslant-6$ K），维持较强对流不稳定；

（2）暴雨发生前 12 h，500 hPa 以下为湿位涡 MPV_1 项负值中心（$\leqslant-0.5$ PVU）表明大气湿不稳定能量稳定维持；

（3）暴雨发生前 12 h，暴雨区上空 K 指数≥39℃，并稳定维持。

6. 暴雨落区：

（1）925 hPa 干线东南侧 200 mm 以内；

（2）中尺度低涡右前方暖切顶部西南低空急流出口区左侧 50 km 内；

（3）边界层湿舌顶部；

（4）地面辐合区中心附近；

（5）850 hPa、925 hPa 干湿冷暖平流零线靠近暖湿平流一侧 100 km 以内；

（6）925 hPa 水汽通量辐合区与 K 指数大值区的重叠区域。

综上所述，暴雨落区位于 925 hPa 干线东南侧 200 km 以内，中尺度低涡右前方暖切顶部西南低空急流出口区左侧 50 km 内，以及边界层湿舌顶部、地面辐合区、850 hPa 暖湿平流一侧、925 hPa 水汽通量辐合区和 K 指数大值区等重合区域。

二、中尺度天气分析参考值

物理量名称	层次(hPa)	参考值	单位及量级	备注
边界层急流	925	≥16	m/s	动力
显著气流	925	≥14	m/s	动力
散度	200	≥3	10^{-5} s⁻¹	动力
涡度	925	≥20	10^{-5} s⁻¹	动力
位涡高值区	400	≥2	PVU	动力
位涡低值区	300	≤-0.4	PVU	动力
涡度平流	500	≥12	10^{-9} s⁻²	动力
锋生函数	925	≥5	K·hPa⁻¹·s⁻³	动力
MPV_2	750	≤-1	PVU	动力
冷平流	850	≤-1	10^{-5}℃/s	动力
暖平流	850	≥0.5&≤1	10^{-5}℃/s	动力
干平流	850	≤-1	10^{-5}℃/s	动力
K 指数	/	≥39	℃	不稳定
$\Delta\theta_{se}$	500-850	≤-6	K	不稳定
MPV_1	925	≤-0.5	PVU	不稳定
湿平流	850	≥0.5&≤1	10^{-5}℃/s	水汽
湿舌（区）	925	≥20	℃	水汽
水汽通量散度	925	≤-8	10^{-8} g·cm⁻²·hPa⁻¹·s⁻¹	水汽

三、中尺度天气系统三维结构图

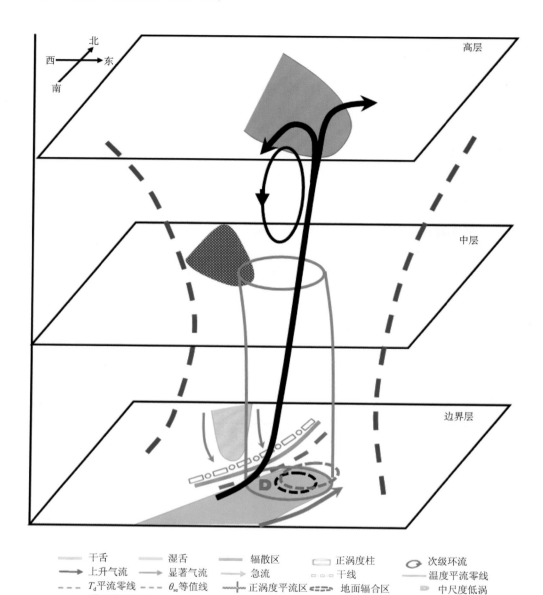

	干舌		湿舌		辐散区		正涡度柱		次级环流
→	上升气流	→	显著气流	→	急流		干线		温度平流零线
---	T_d平流零线	---	θ_{se}等值线		正涡度平流区		地面辐合区		中尺度低涡
	暖切顶部辐合区								

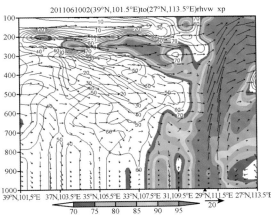

2011 年 6 月 10 日 02 时相对湿度和风场垂直分布（斜剖）（相对湿度单位：%）

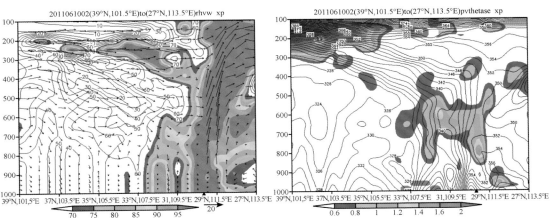

2011 年 6 月 10 日 02 时位涡和假相当位温垂直分布（斜剖）（单位：PVU，K）

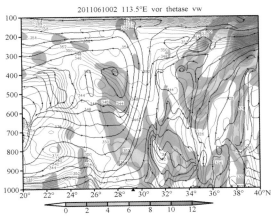

2011 年 6 月 10 日 02 时沿 113.5°E 涡度和假相当位温垂直分布（单位：$10^{-5}\,\mathrm{s}^{-1}$，K）

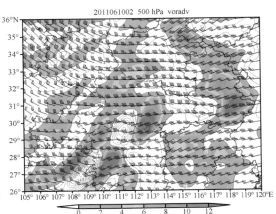

2011 年 6 月 10 日 02 时 500 hPa 涡度平流（单位：$10^{-9}\,\mathrm{s}^{-2}$）

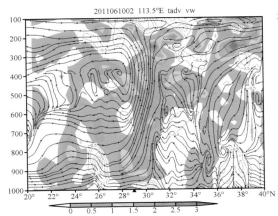

2011 年 6 月 10 日 02 时沿 113.5°E 温度平流垂直分布（单位：$10^{-5}\,℃/\mathrm{s}$）

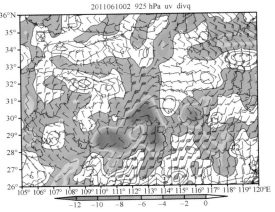

2011 年 6 月 10 日 02 时 925 hPa 水汽通量散度（单位：$10^{-8}\,\mathrm{g}\cdot\mathrm{cm}^{-2}\cdot\mathrm{hPa}^{-1}\cdot\mathrm{s}^{-1}$）

1.2.8　2011 年 6 月 18 日(公安)

编号:20110618-1-08

一、中尺度天气条件及暴雨落区

1. 暴雨中心:松滋、公安附近,1 小时最大雨量 96 mm,3 小时累积雨量最大达 151 mm。

2. 主要中尺度天气系统:

(1)500 hPa 干线

(2)500 hPa 正涡度平流区

(3)850 hPa、925 hPa 中尺度低涡

(4)700 hPa、850 hPa、925 hPa 急流

(5)850 hPa、925 hPa 湿舌

(6)地面辐合线

(7)中高层次级环流

3. 动力条件:

(1)暴雨发生前 6 h,在重庆上空东北—西南向干线(500 hPa 2℃/100 km)向东南方向移动,至暴雨发生时,移至暴雨区西北侧,强度加强(500 hPa 5℃/100 km)。干线后部干冷空气穿过干线,在鄂西南湿区不断产生扰动,并受偏西气流引导向暴雨区传播;同时,垂直方向上,暴雨发生前 12 h,低涡西北方位有相对湿度<70% 的干区自对流层高层向下侵入低层湿区。36°N,102°E,300 hPa 附近高位涡(2 PVU)沿等熵面($\theta_{se}=344$ K)快速向南下传,导致中尺度低涡绝对涡度增加,促使低涡迅速加强。

(2)暴雨发生前 6 h,鄂西南附近暴雨区左侧 500 hPa 正涡度平流带($3\times10^{-9}\rightarrow5\times10^{-9}$ s^{-2})逐渐向暴雨区上空移动,提供涡度补偿,加强边界层中尺度低涡发展,形成一正涡度柱(850 hPa $2\times10^{-5}\rightarrow10\times10^{-5}$ s^{-1})。

(3)暴雨发生前 6 h,位于湖南东部至江汉平原南部边界层西南急流加强(925 hPa 风速 8→14 m/s),导致急流出口区左侧上升运动发展。

(4)地面冷锋快速南压,对锋前暖湿气团起到强迫抬升作用。

(5)暴雨发生前 2 h,在地面有西北风和偏东风在暴雨区附近形成辐合线(地面散度−8×10^{-5}s^{-1}),上升运动加强。

(6)暴雨发生前 6 h,暴雨区附近高层辐散加强(200 hPa $2\times10^{-5}\rightarrow7\times10^{-5}$ s^{-1}),导致上空辐散抽吸作用增强,配合高层次级环流有利于暴雨区上空气流加速流出。

综上所述,本次暴雨是对流层中高层高位涡干冷空气向下向南侵入,加之 500 hPa 正涡度平流区加强东移,促使边界层低涡发展,以及锋面抬升、地面辐合、高层辐散等动力条件共同作用结果。

4. 水汽条件:

(1)暴雨发生前 6 h,在湖南中部边界层有一湿舌向江汉平原南部伸展并稳定维持(850 hPa $T_d\geqslant17℃$;925≥21℃),暴雨区位于湿舌顶部。

(2)暴雨发生前 6 h,湖南西北部边界层水汽通量散度中心区域加强北抬(925 hPa $-12\times10^{-8}\rightarrow-24\times10^{-8}$g・cm^{-2}・hPa^{-1}・s^{-1}),在暴雨区附近形成较强水汽辐合中心,给暴雨发

生及维持提供了充足的水汽来源。

5. 不稳定条件：

（1）暴雨发生时，在 925 hPa 有湿位涡 MPV$_1$ 项（≤−0.5 PVU）负值中心对应暴雨区上空，表明边界层湿不稳定能量加强；

（2）暴雨发生前 12 h，暴雨区上空 K 指数≥37℃，并稳定维持。

6. 暴雨落区：

（1）边界层中尺度低涡右前方；

（2）边界层西南急流出口区左侧 50 km 以内；

（3）地面辐合线附近；

（4）边界层湿舌顶部；

（5）850 hPa、925 hPa 干湿冷暖平流零线附近靠近暖湿平流一侧 100 km 以内；

（6）925 hPa 水汽通量辐合区与 K 指数大值区的重叠区域。

综上所述，暴雨落区位于边界层西南急流出口区左侧，中尺度低涡中心右前方，边界层干湿冷暖平流零线附近靠近暖湿平流一侧，湿舌顶部，以及水汽通量散度大值中心和 K 指数大值中心等重叠区域。

二、中尺度天气分析参考值

物理量名称	层次(hPa)	参考值	单位及量级	备注
边界层急流	925	≥14	m/s	动力
显著气流	/	/	m/s	动力
散度	200	≥7	$10^{-5}\,s^{-1}$	动力
涡度	500	≥5	$10^{-5}\,s^{-1}$	动力
位涡高值区	300	≥2	PVU	动力
位涡低值区	/	/	PVU	动力
涡度平流	500	≥5	$10^{-9}\,s^{-2}$	动力
锋生函数	925	≥15	$K\cdot hPa^{-1}\cdot s^{-3}$	动力
MPV$_2$	500	≤−2	PVU	动力
冷平流	925	≤−1.5	$10^{-5}\,℃/s$	动力
暖平流	925	≥2	$10^{-5}\,℃/s$	动力
干平流	850	≤−3	$10^{-5}\,℃/s$	动力
K 指数	/	≥37	℃	不稳定
$\Delta\theta_{se}$	500−850	≤0	K	不稳定
MPV$_1$	/	≤−0.5	PVU	不稳定
湿平流	850	≥0.5	$10^{-5}\,℃/s$	水汽
湿舌	925	≥21	℃	水汽
水汽通量散度	925	≤−24	$10^{-8}\,g\cdot cm^{-2}\cdot hPa^{-1}\cdot s^{-1}$	水汽

三、中尺度天气系统三维结构图

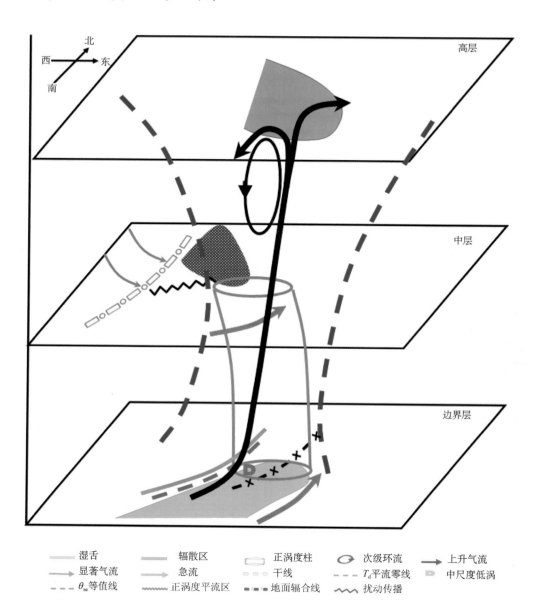

湿舌	辐散区	正涡度柱	次级环流	上升气流
显著气流	急流	干线	T_d平流零线	中尺度低涡
θ_{se}等值线	正涡度平流区	地面辐合线	扰动传播	

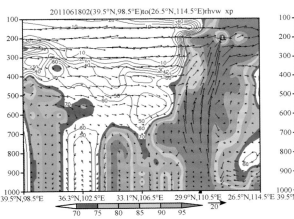

2011 年 6 月 18 日 02 时相对湿度和风场垂直
分布(斜剖)(相对湿度单位:%)

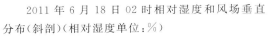

2011 年 6 月 18 日 02 时位涡和假相当位温垂
直分布(斜剖)(单位:PVU,K)

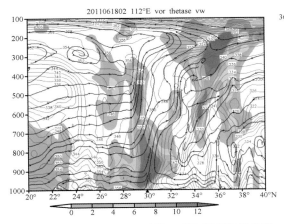

2011 年 6 月 18 日 02 时沿 112°E 涡度和假相当
位温垂直分布(单位:10^{-5} s^{-1},K)

2011 年 6 月 18 日 02 时 500 hPa 涡度平流(单
位:10^{-9} s^{-2})

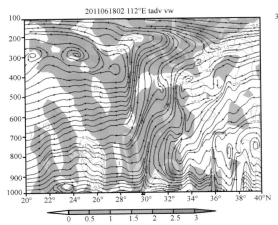

2011 年 6 月 18 日 02 时沿 112°E 温度平流垂直
分布(单位:10^{-5} ℃/s)

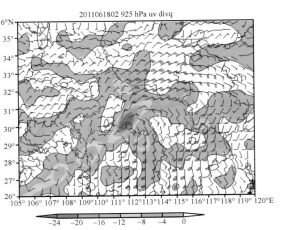

2011 年 6 月 18 日 02 时 925 hPa 水汽通量散度
(单位:10^{-8}g・cm^{-2}・hPa^{-1}・s^{-1})

1.2.9 2011年6月24日(潜江)

编号:20110624-1-09

一、中尺度天气条件及暴雨落区

1. 暴雨中心:潜江,1小时最大雨量33 mm,3小时累积雨量最大达82 mm。

2. 主要中尺度天气系统:

(1)500 hPa、700 hPa、850 hPa干线

(2)500 hPa正涡度平流区

(3)925 hPa低涡

(4)850 hPa、925 hPa湿舌

(5)700 hPa西南急流

(6)地面辐合线

(7)中高层次级环流

3. 动力条件:

(1)暴雨发生前12 h,鄂西北至重庆东部有一西北向干线,向东南快速移动至暴雨区西北侧边缘,强度加强(500 hPa 6→11℃/100 km)。干线北侧西北气流(10 m/s)带动干冷空气向南入侵与西南暖湿气流(14 m/s)在暴雨区北侧交汇,加强了气流辐合。112.5°E、36°N 300 hPa附近高位涡(2.5 PVU)沿等熵面(θ_{se}=344 K)向南下传,导致暴雨区绝对涡度增加(850 hPa涡度4×10^{-5}→10×10^{-5} s^{-1});另外,由于干线北侧干冷空气加速下沉,南侧暖湿气流上升,在500 hPa附近形成次级环流,其上升支与暴雨区上升气流叠加,进一步加强上升运动。

(2)暴雨发生前12 h,500 hPa湖北中部有正涡度平流区(6×10^{-9}→8×10^{-9} s^{-2})并逐渐向暴雨区上空移动,促使底层涡度增加(850 hPa涡度4×10^{-5}→10×10^{-5} s^{-1})。

(3)暴雨发生前2 h,潜江附近有偏北风和偏东风形成的地面辐合线(地面散度维持-3×10^{-5} s^{-1}),有利于地面辐合抬升和中尺度对流的触发。

(4)暴雨发生前6 h,江汉平原南部至鄂东北一带高层辐散区东移(200 hPa 2×10^{-5} s^{-1}),导致暴雨区高层辐散抽吸作用加强,配合高层次级环流有利于暴雨区上空气流加速流出。

综上所述,本次暴雨是中高层干冷空气入侵与西南暖湿气流交汇,加之500 hPa正涡度平流区加强东移与925 hPa低涡叠加,配合700 hPa急流左侧辐合区、中高层次级环流、地面辐合、高层辐散等动力条件共同作用结果。

4. 水汽条件:

(1)暴雨发生前6 h,鄂西南有一湿舌向东向北伸展,并维持(850 hPa T_d≥18℃)少变,暴雨区位于850 hPa湿舌顶部。

(2)暴雨发生前6 h,宜昌—随州一带湿平流东移至潜江—麻城一带(700 hPa 0→0.5$\times10^{-5}$℃/s),表明有水汽向暴雨区输送。

(3)暴雨发生前6 h,潜江—麻城一带出现水汽辐合中心,于暴雨发生时强度快速加强(850 hPa divQ:-4×10^{-8}→-12×10^{-8}g・cm^{-2}・hPa^{-1}・s^{-1})。

5. 不稳定条件:

(1)暴雨发生前6 h,400～200 hPa有干空气快速向南入侵,叠加于深厚湿层之上,形成上

干下湿的大气层结。暴雨区上空假相当位温随高度递减（$\Delta\theta_{se(500-850)}\leqslant-6$ K），维持较强对流不稳定；

（2）暴雨发生前 6 h，在 925 hPa 有湿位涡 MPV$_1$ 项（$\leqslant-0.5$ PVU）负值中心与暴雨区配合，表明边界层有湿不稳定能量维持；

（3）暴雨发生前 12 h，暴雨区上空 K 指数$\geqslant39$℃，并稳定维持。

6. 暴雨落区：

（1）700 hPa 干线南侧 100 km 以内；

（2）925 hPa 低涡右前方；

（3）地面辐合线附近；

（4）700 hPa、850 hPa 干湿冷暖平流零线附近靠近暖湿平流一侧 50 km 以内；

（5）850 hPa 湿舌顶端；

（6）925 hPa 水汽通量辐合区与 K 指数大值区的重叠区域。

综上所述，暴雨落区位于 700 hPa 干线南侧 100 km 以内、925 hPa 低涡右前方、700 hPa 急流出口区左侧 100 km 以内、地面辐合线附近、700 hPa、850 hPa 干湿冷暖平流零线靠近暖湿平流一侧。850 hPa 湿舌顶端以及 925 hPa 水汽辐合大值区和 K 指数大值区重合区域。

二、中尺度天气分析参考值

物理量名称	层次(hPa)	参考值	单位及量级	备注
边界层急流	700	$\geqslant14$	m/s	动力
偏北显著气流	700	$\geqslant10$	m/s	动力
散度	200	$\geqslant2$	10^{-5} s^{-1}	动力
涡度	850	$\geqslant8$	10^{-5} s^{-1}	动力
位涡高值区	300	$\geqslant2.5$	PVU	动力
位涡低值区	200	$\leqslant-0.5$	PVU	动力
涡度平流	500	$\geqslant8$	10^{-9} s^{-2}	动力
锋生函数	700	$\geqslant30$	K·hPa^{-1}·s^{-3}	动力
MPV$_2$	400	$\geqslant-1.5$	PVU	动力
冷平流	700	$\leqslant-0.5$	10^{-5}℃/s	动力
暖平流	700	$\geqslant0.5$	10^{-5}℃/s	动力
干平流	700	$\leqslant-3$	10^{-5}℃/s	动力
K 指数	/	$\geqslant39$	℃	不稳定
$\Delta\theta_{se}$	500−850	$\leqslant-6$	K	不稳定
MPV$_1$	925	$\leqslant-0.5$	PVU	不稳定
湿平流	700	$\geqslant0.5$ & $\leqslant1$	10^{-5}℃/s	水汽
湿舌(区)	850	$\geqslant18$	℃	水汽
水汽通量散度	850	$\leqslant-12$	10^{-8}g·cm^{-2}·hPa^{-1}·s^{-1}	水汽

三、中尺度天气系统三维结构图

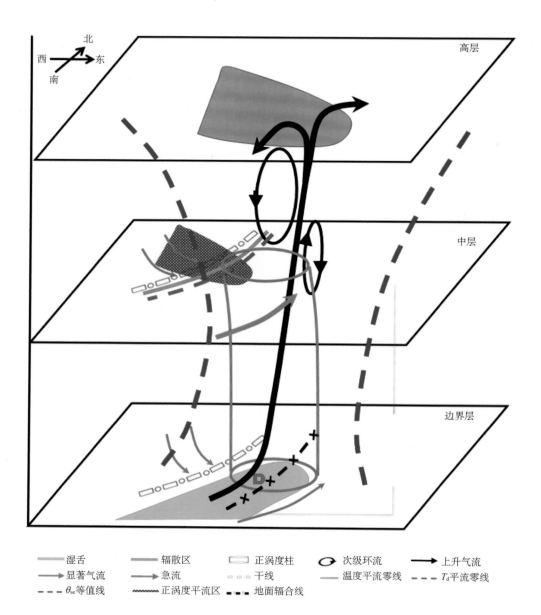

	湿舌		辐散区		正涡度柱		次级环流		上升气流
	显著气流		急流		干线		温度平流零线		T_d平流零线
	θ_{se}等值线		正涡度平流区		地面辐合线				

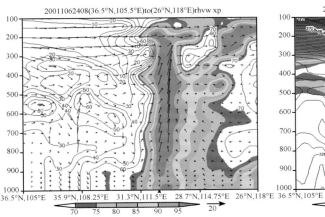

2011 年 6 月 24 日 08 时相对湿度和风场垂直分布（斜剖）（相对湿度单位：%）

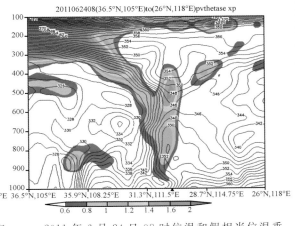

2011 年 6 月 24 日 08 时位涡和假相当位温垂直分布（斜剖）（单位：PVU，K）

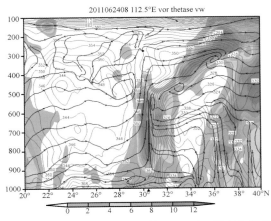

2011 年 6 月 24 日 08 时沿 112.5°E 涡度和假相当位温垂直分布（单位：10^{-5} s^{-1}，K）

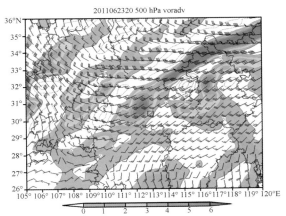

2011 年 6 月 23 日 20 时 500 hPa 涡度平流（单位：10^{-9} s^{-2}）

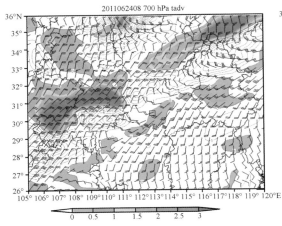

2011 年 6 月 24 日 08 时 700 hPa 露点温度平流（单位：10^{-5} ℃/s）

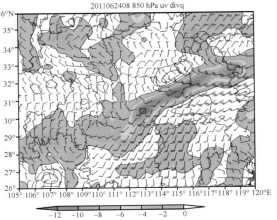

2011 年 6 月 24 日 08 时 850 hPa 水汽通量散度（单位：10^{-8} g·cm^{-2}·hPa^{-1}·s^{-1}）

1.2.10　2011 年 7 月 7 日(恩施)

编号:20110707-1-10

一、中尺度天气条件及暴雨落区

1. 暴雨中心:建始、利川、恩施附近,1 小时最大雨量 35 mm,3 小时累积雨量最大达 82 mm。

2. 主要中尺度天气系统:

(1)500 hPa、700 hPa、850 hPa、925 hPa 干线

(2)500 hPa 正涡度平流区

(3)700 hPa、850 hPa、925 hPa 低涡

(4)700 hPa、850 hPa 暖切顶部辐合区

(5)700 hPa、850 hPa、925 hPa 湿舌

(6)700 hPa 西南急流

(7)地面辐合线

(8)中高层次级环流

3. 动力条件:

(1)暴雨发生前 12 h,陕南至川东有一东北—西南向干线,向东南快速移动至暴雨区西北侧,强度加强(700 hPa 6→18℃/100 km)。干线北侧偏北气流(18 m/s)带动干冷空气与偏南暖湿气流(10 m/s)在重庆东部强烈交汇,有中尺度低涡发展;同时,垂直方向上,低涡西北方位相对湿度<70%的干区自对流层高层向下侵入低层湿区。37°N、109.5°E、400 hPa 附近、高位涡(1.6 PVU)沿等熵面(θ_{se}=346 K)快速向南下传,导致中尺度低涡绝对涡度增加,促使低涡迅速加强(850 hPa 涡度 $12×10^{-5}$→$16×10^{-5}\,s^{-1}$)。另外,由于干线北侧干冷空气加速下沉,南侧暖湿气流上升,在 400 hPa 附近形成热力直接环流,其上升支与暴雨区上升气流叠加,进一步加强上升运动。

(2)暴雨发生前 12 h,500 hPa 陕西—重庆一带有正涡度平流区($0→6×10^{-9}\,s^{-2}$)并逐渐向暴雨区上空移动,促使低层涡度增加(850 hPa 涡度 $12×10^{-5}$→$16×10^{-5}\,s^{-1}$)。

(3)地面冷锋快速南压,对锋前暖湿气团起到强迫抬升作用。

(4)暴雨发生前 2 h,暴雨区附近有偏北风和偏南风形成的地面辐合线,并逐渐增强(地面散度中心$-6×10^{-5}$→$-15×10^{-5}\,s^{-1}$),有利于地面辐合抬升和中尺度对流的触发。

(5)暴雨发生前 12 h,陕西南部—重庆一带高层辐散区向东南方向移动(200 hPa $10×10^{-5}\,s^{-1}$),导致暴雨区高层辐散抽吸作用加强,配合高层次级环流有利于暴雨区上空气流加速流出。

综上所述,本次暴雨是中高层干冷空气入侵与西南暖湿气流交汇,加之 500 hPa 正涡度平流区加强东移与中低层低涡叠加,配合 700 hPa 急流左侧辐合区、中高层次级环流、锋面抬升、地面辐合、高层辐散等动力条件共同作用结果。

4. 水汽条件:

(1)暴雨发生前 6 h,贵州—鄂西有一较深厚湿舌,并逐渐向东南方向移动(700 hPa T_d≥11.5℃;850 hPa T_d≥19℃;925 hPa T_d≥22.5℃),暴雨区位于湿舌顶部。

(2)暴雨发生前 6 h,重庆—恩施一带湿平流东移加强(700 hPa $1×10^{-5}$→$4×10^{-5}℃/s$),表明有水汽向暴雨区输送。

（3）暴雨发生前 6 h,重庆—鄂西北一带水汽辐合中心向东南方向移动,维持较强水汽辐合（850 hPa divQ:-12×10^{-8} g·cm^{-2}·hPa^{-1}·s^{-1}）。

5. 不稳定条件:

（1）暴雨发生前 12 h,暴雨区上空假相当位温随高度递减（$\Delta\theta_{se(500-850)}\leqslant-8$ K）,维持较强对流不稳定;

（2）暴雨发生前 12 h,在 925 hPa 有湿位涡 MPV$_1$ 项（$\leqslant-1$ PVU）负值中心与暴雨区配合,表明边界层有湿不稳定能量维持;

（3）暴雨发生前 12 h,暴雨区上空 K 指数$\geqslant39$℃,并稳定维持。

6. 暴雨落区:

（1）700 hPa 干线南侧 150 km 以内;

（2）700 hPa、850 hPa 低涡右前方;

（3）700 hPa、850 hPa 暖切顶部辐合区;

（4）地面辐合线附近;

（5）700 hPa 干湿冷暖平流零线附近靠近暖湿平流一侧 100 km 以内;

（6）700 hPa、850 hPa、925 hPa 湿舌顶端;

（7）850 hPa 水汽通量辐合区与 K 指数大值区的重叠区域。

综上所述,暴雨落区位于 700 hPa 干线南侧 150 km 以内、低涡右前方、暖切顶部辐合区及 700 hPa 急流出口区左侧 100 km 以内、地面辐合线附近、700 hPa 干湿冷暖平流零线靠近暖湿平流一侧,以及湿舌顶端和 850 hPa 水汽辐合大值区、K 指数大值区重合区域。

二、中尺度天气分析参考值

物理量名称	层次(hPa)	参考值	单位及量级	备注
边界层急流	700	$\geqslant10$	m/s	动力
偏北显著气流	700	$\geqslant18$	m/s	动力
散度	200	$\geqslant10$	10^{-5} s^{-1}	动力
涡度	850	$\geqslant16$	10^{-5} s^{-1}	动力
位涡高值区	400	$\geqslant1.6$	PVU	动力
位涡低值区	200	$\leqslant-0.5$	PVU	动力
涡度平流	500	$\geqslant6$	10^{-9} s^{-2}	动力
锋生函数	700	$\geqslant30$	K·hPa^{-1}·s^{-3}	动力
MPV$_2$	600	$\geqslant-2.5$	PVU	动力
冷平流	700	$\leqslant-2.5$	10^{-5}℃/s	动力
暖平流	700	$\geqslant1-2$	10^{-5}℃/s	动力
干平流	700	$\leqslant-8$	10^{-5}℃/s	动力
K 指数	/	$\geqslant39$	℃	不稳定
$\Delta\theta_{se}$	500-850	$\leqslant-8$	K	不稳定
MPV$_1$	925	$\leqslant-1$	PVU	不稳定
湿平流	700	$\geqslant4$	10^{-5}℃/s	水汽
湿舌(区)	925	$\geqslant22.5$	℃	水汽
水汽通量散度	850	$\leqslant-12$	10^{-8} g·cm^{-2}·hPa^{-1}·s^{-1}	水汽

三、中尺度天气系统三维结构图

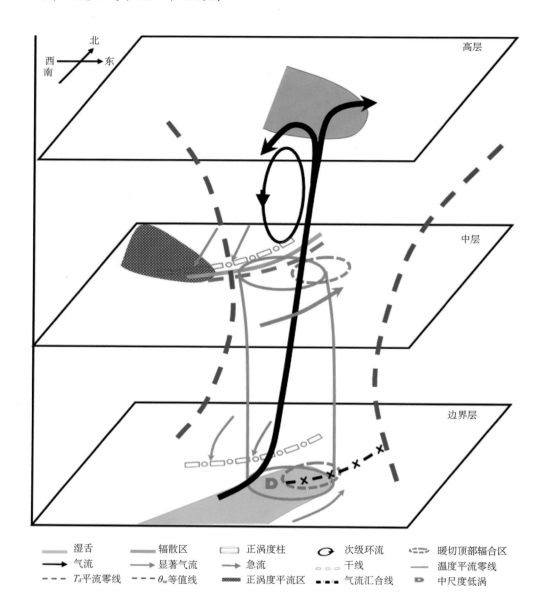

	湿舌		辐散区		正涡度柱		次级环流		暖切顶部辐合区
	气流		显著气流		急流		干线		温度平流零线
	T_d平流零线		θ_{se}等值线		正涡度平流区		气流汇合线		中尺度低涡

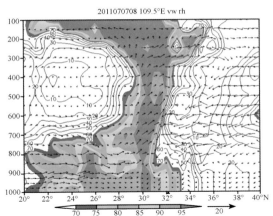

2011 年 7 月 7 日 08 时沿 109.5°E 相对湿度和
风场垂直分布（相对湿度单位：%）

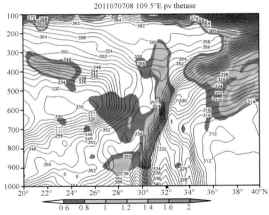

2011 年 7 月 7 日 08 时沿 109.5°E 位涡和假相
当位温垂直分布（单位：PVU，K）

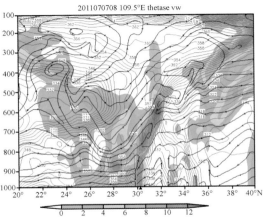

2011 年 7 月 7 日 08 时沿 109.5°E 涡度和假相
当位温垂直分布（单位：$10^{-5} s^{-1}$，K）

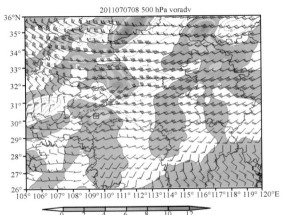

2011 年 7 月 7 日 08 时 500 hPa 涡度平流（单
位：$10^{-9} s^{-2}$）

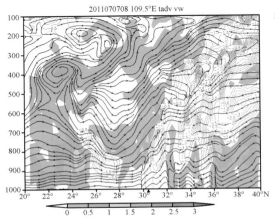

2011 年 7 月 7 日 08 时沿 109.5°E 温度平流垂
直分布（单位：$10^{-5} ℃/s$）

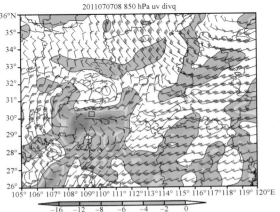

2011 年 7 月 7 日 08 时 850 hPa 水汽通量散度
（单位：$10^{-8} g \cdot cm^{-2} \cdot hPa^{-1} \cdot s^{-1}$）

第二章　干混合型中尺度暴雨分析

2.1　干混合中尺度暴雨合成分析

2.1.1　降水特征

通过湖北省 2007—2011 年 10 个干混合型中尺度暴雨个例的降水特征分析,结果表明,该型影响系统相对尺度较小,降水范围不大,24 小时累计雨量≥50 mm 的范围一般在 1 万平方千米左右,最大 2 万平方千米。过程持续时间(指 10 mm·h^{-1} 以上降水维持时间)5～14 h,对单站而言,20 mm·h^{-1} 以上雨强持续时间多在 1～2 h,最长 5 h,3 小时累计降水一般不超过 100 mm。具体数据如表 2.1 所示。

表 2.1　干混合型中尺度暴雨 10 个个例降水特征统计

过程时间	暴雨中心	单站降水≥20 mm·h^{-1} 持续时间(h)	≥10 mm 过程持续时间(小时)	1 小时最大雨量(mm)	3 小时最大雨量(mm)
20070708	钟祥	4	6	62	130
20080621	夷陵区	2	5	35	58
20080815	长阳	2	11	52	71
20090629	汉川	2	14	41	66
20090723	云梦	1	8	77	88
20100717	保康	2	10	62	79
20100720	京山	2	13	61	76
20110623	夷陵区	2	7	51	96
20110802	兴山	2	5	38	84
20110822	兴山	5	6	59	145

图 2.1 为 10 例干混合型中尺度暴雨满足条件的所有代表站(共计 29 站)小时最大雨量分布。从图中可以看出,干混合型中尺度暴雨小时最大雨强一般为 30～50 mm,只有较少站点小时雨强超过 50 mm,说明干混合型中尺度暴雨总体雨强不是很大,但降水时间较长,雨势相对较平缓,降水范围相对较小。

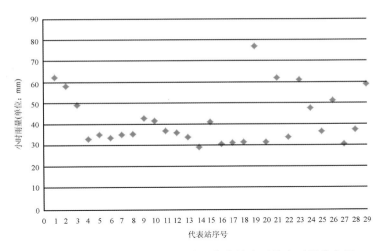

图 2.1　10 例干混合型中尺度暴雨代表站小时最大雨强分布图

2.1.2　大尺度环流背景

将 10 例干混合型中尺度暴雨个例的 500 hPa 高度场资料进行合成(图 2.2),分析发现:暴雨发生前 12 h,500 hPa 高度场呈两槽一脊分布,暴雨区位于副热带高压外围 584 线附近;暴雨发生前 6 h,低槽略加深;暴雨发生前后,副热带高压稳定少动,暴雨区上空 500 hPa 位势高度稳定在 584 位势什米左右。暴雨区位于 200 hPa 分流区的西北气流中(图略),跟踪 200 hPa 风场演变发现,暴雨发生前 12 h 至前 6 h,暴雨区上空由风速辐合转变为风速辐散,说明对流层高层辐散呈加强趋势。大气环流稳定少动为干混合型中尺度暴雨的产生提供了有利背景场。

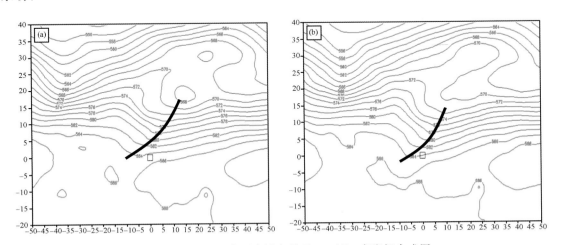

图 2.2　10 例干混合型中尺度暴雨 500 hPa 高度场合成图
(单位:dagpm;小黑色方框为暴雨区,下同;黑色粗实线为槽线)
(a)暴雨发生前 12 h,(b)暴雨发生时

2.1.3　中尺度分析

2.1.3.1　动力条件

动力机制是中尺度暴雨发生发展的主要原因,所以本节首先分析干混合型中尺度暴雨发生发展的动力条件。

（1）干线

边界层干线是干混合型中尺度暴雨发生的主要动力系统之一。从合成分布图来看（图 2.3）,该型暴雨的干线主要位于边界层,厚度较薄,基本呈准东西向分布,暴雨发生前后稳定少动,只略向暴雨区靠近,为准静止干线,露点锋强度变化不大,其梯度维持在 4 ℃/100 km 左右。

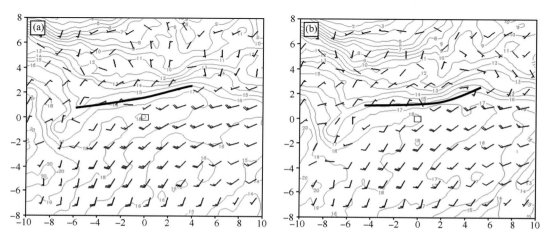

图 2.3　10 例干混合型中尺度暴雨 850 hPa 干线合成分布图（单位:℃,黑粗线为 850 hPa 干线）
(a)暴雨发生前 6 h,(b)暴雨发生时

干线南侧为暖湿空气有所发展,北侧为干冷空气也有发展加强趋势,导致南北两侧干湿、冷暖平流加强。如图 2.4 干湿平流分布所示,暴雨发生前 6 h 到暴雨发生时,湿平流北抬至暴雨区上空,北侧干平流也明显加强,中心值由 -0.6×10^{-5} ℃/s 增长至 -1×10^{-5} ℃/s,干线南北两侧干湿、冷暖空气交汇产生了露点锋锋生,如图 2.5 所示,暴雨发生前 6 h,暴雨区北侧 850 hPa 有一明显的锋生带,该锋生带与干线对应较好,并随着边界层偏北显著气流加强而略有南压,使得暴雨区上空锋生函数由 0 增长至 8 K·hPa^{-1}·s^{-3},锋生显著增强,也加强了暴雨区上空的上升运动。

从合成分析可发现,距离干线北侧 3 个纬度左右有一干冷空气堆维持少动。沿暴雨中心对垂直环流与相对湿度进行径向剖面合成叠加（图 2.6）,暴雨发生前 6 h 到暴雨发生时,随着边界层干线北侧干冷平流加强,空气变干变冷,干冷空气堆北侧相对暖的空气上升,在暴雨区北端形成一反环流,导致 700 hPa 附近下沉气流明显加强,干冷空气在边界层堆积,气压升高,气压梯度加大,边界层北风分量加大,形成偏北显著气流,偏北显著气流将干空气卷入湿空气,在边界层产生了局部锋生,有助于上升运动的发展。

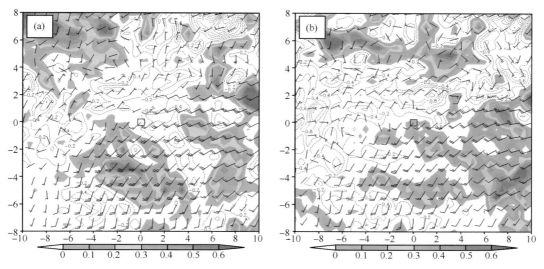

图 2.4 10 例干混合型中尺度暴雨 850 hPa 露点温度平流合成分布图（单位：10^{-5}℃/s）
(a)暴雨发生前 6 h，(b)暴雨发生时

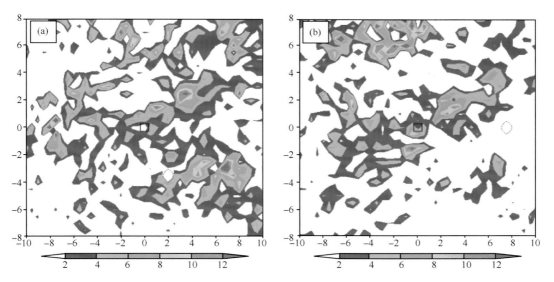

图 2.5 10 例干混合型中尺度暴雨 850 hPa 锋生函数合成分布图（单位：K·hPa^{-1}·s^{-3}）
(a)暴雨发生前 6 h，(b)暴雨发生时

（2）涡度平流

500 hPa 为气流引导层，所以该层的环流形势对对流层低层天气系统发展有显著作用。从 500 hPa 正涡度平流的合成分析图上（图 2.7），可以看出，暴雨发生前 12 h，暴雨区上空西北方向有一正涡度平流带，并且随着高空低槽东移逐渐向东南方向移动；暴雨发生前 6 h，正涡度平流带前沿分裂出 $1×10^{-9}$$s^{-2}$ 的正值中心，该正值中心逐渐与主体分离，移至暴雨区上空，中心值强度几乎不变。由于暴雨区上空 500 hPa 正涡度平流的发展，致使该层气旋性涡度增加，风压场不平衡，在地转偏向力的作用下，产生水平辐散，为保持大气柱的质量连续，边界层流场须适应上层变化，从而辐合加强。

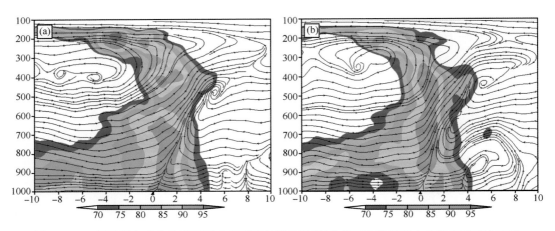

图 2.6　10 例干混合型中尺度暴雨垂直环流与相对湿度(单位:%)沿暴雨中心径向剖面合成图

(a)暴雨发生前 6 h,(b)暴雨发生时(黑三角为暴雨点,下同;黑色粗箭头为显著气流)

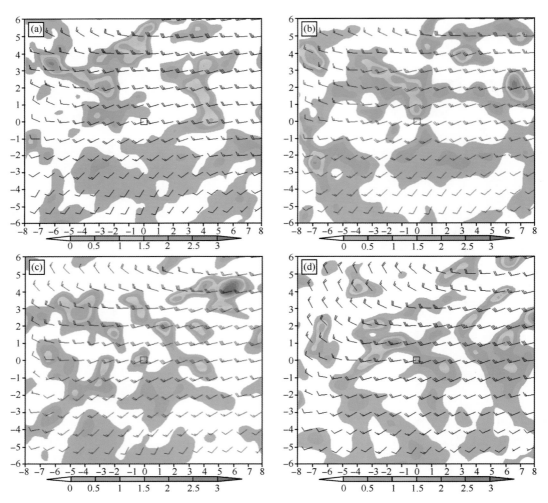

图 2.7　10 例干混合型中尺度暴雨 500 hPa 正涡度平流合成分布图(单位:10^{-9} s^{-2})

(a)暴雨发生前 12 h,(b)暴雨发生前 6 h,(c)暴雨发生时,(d)暴雨发生后 6 h

　　为了进一步说明边界层流场情况,本节给出 925 hPa 风场与散度场合成叠加图(图 2.8),可以看出,暴雨发生前,暴雨区位于边界层冷暖切变交汇处,其北部有一散度负值中心,随着 925 hPa 偏北显著气流的加强,冷式切变尾部辐合区南压,散度中心加强并发展至暴雨区上空,暴雨区上空散度强度自 $-1.5\times10^{-5}\,\mathrm{s}^{-1}$ 增至 $-2.5\times10^{-5}\,\mathrm{s}^{-1}$,说明边界层冷切尾部辐合明显加强,有助于上升运动的发展。

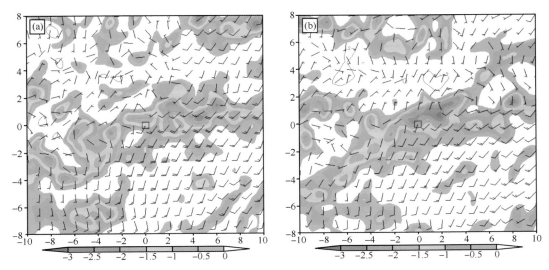

图 2.8　10 例干混合型中尺度暴雨 925 hPa 风场与散度叠加合成分布图(单位:$10^{-5}\,\mathrm{s}^{-1}$)
(a)暴雨发生前 12 h,(b)暴雨发生时

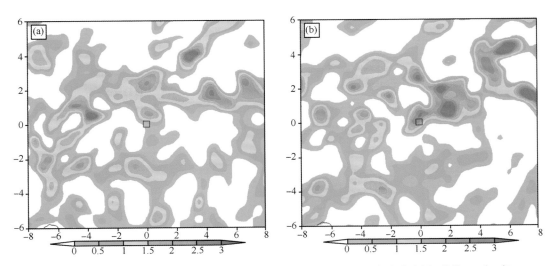

图 2.9　10 例干混合型中尺度暴雨 500~850 hPa 差动涡度平流合成分布图(单位 $10^{-9}\,\mathrm{s}^{-2}$)
(a)暴雨发生前 12 h,(b)暴雨发生时

　　图 2.9 为 500~850 hPa 差动涡度平流合成分布图,可以看出,暴雨发生前 12 h,暴雨区上空有一差动平流正值区,到暴雨发生时,上下层差动平流明显加强,中心最大值从 $0.5\times10^{-9}\,\mathrm{s}^{-2}$ 增至 $2.5\times10^{-9}\,\mathrm{s}^{-2}$。根据 ω 方程,当涡度平流随高度明显增加,上层辐散加强,下层辐合加强,上升运动发展。

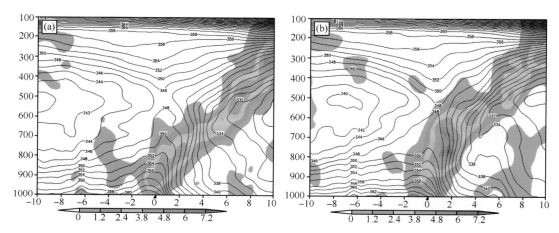

图 2.10　假相当位温（单位：K）与涡度（单位：$10^{-5}\,s^{-1}$）沿暴雨中心径向剖面合成图
(a)暴雨发生前 6 h，(b)暴雨发生时

　　上述 500 hPa 涡度平流变化及上下层差动涡度平流变化，都将导致暴雨区上空正涡度柱的发展。通过图 2.10 可以得到说明，这是假相当位温与涡度沿暴雨中心的径向剖面合成叠加图，暴雨发生前边界层有高能舌向对流层低层伸展，强度为 350 K，高能舌北侧是假相当位温锋区，锋区较宽，正涡度柱沿高能舌向锋区伸展到对流层高层，在暴雨发生前 6 h 至暴雨发生期间，正涡度柱低层明显加强，中心值由 $3.6\times10^{-5}\,s^{-1}$ 增至 $6\times10^{-5}\,s^{-1}$，有利于上升运动加强和水汽垂直输送。

　　（3）边界层小扰动

　　通过温度平流沿暴雨中心径向剖面合成图分析（图 2.11），暴雨发生前 6 h，对流层中高层表现为冷暖平流的对峙，边界层为弱的冷平流。根据干混合型降水特征，此时降水多数已经发生，但是强度较弱，到暴雨发生时，中高层温度平流稳定少变，但是边界层出现一正负温度平流对峙区（图 2.11b、c 中黑圈）。从温度平流演变可以看出，暴雨发生前后，该正负温度平流对峙区呈准静止，但冷暖平流强度均加强，根据 ω 方程，垂直运动由动力强迫项和热力强迫项两部分组成，暖平流产生上升运动，冷平流产生下沉运动，因此，边界层正负温度平流对峙区在暴雨区边界层产生了扰动，这一小扰动叠加于上升气流当中，加强了上升运动发展，此时降水也明显加强。雷达回波上表现为在较大范围结构较松散、移动较缓慢的层积状混合回波带中产生一些强的回波单体。

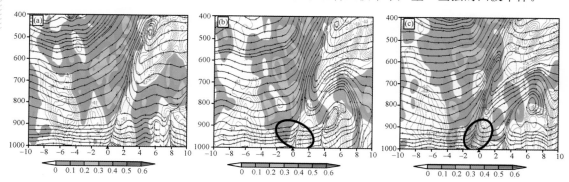

图 2.11　10 例干混合型中尺度暴雨温度平流沿暴雨中心径向剖面合成图（单位：$10^{-5}\,℃/s$）
（黑圈为边界层正负温度平流对峙区）
(a)暴雨发生前 6 h，(b)暴雨发生时，(c)暴雨发生后 6 h

（4）干、湿舌

从露点温度合成图上分析看出，暴雨发生前 6 h 至发生时，暴雨区南部边界层有明显湿舌形成（图 2.12），850 hPa 湿舌 $T_d \geqslant 18$ ℃，925 hPa 湿舌 $T_d \geqslant 21$ ℃，湿舌边缘配合有西南显著气流或边界层急流。从雷达回波上看，这条显著气流上往往有小的对流单体形成并向湿舌顶部传播，说明湿舌上存在高热、高湿的不稳定能量带。925 hPa 干线北侧偏北气流最大风速从 4 m·s^{-1} 增至 6 m·s^{-1}，加强的偏北显著气流将干空气以干舌形式带入湿区，在干湿舌结合部位，产生了局部锋生，从而加强了上升运动发展。

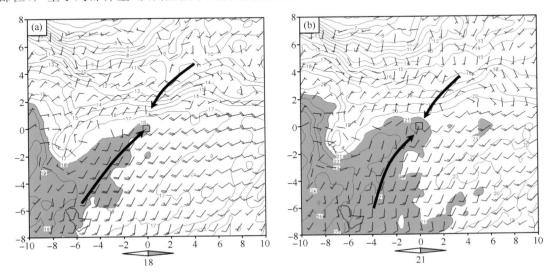

图 2.12　暴雨发生时边界层露点温度（单位：℃）合成分布图（绿色阴影为湿舌）

(a)850 hPa,(b)925 hPa

（5）地面辐合线（区）

对应强降水发生时间对地面流场进行了分析，可以发现有 7 例暴雨发生前地面出现了辐合线（区），时间提前量为 1~7 h。当地面出现辐合线（区）时，暴雨区地面散度有不同程度的增加（图 2.13），到暴雨发生时，地面散度最大为 $-11 \times 10^{-5}\,\mathrm{s}^{-1}$，最小也有 $-1 \times 10^{-5}\,\mathrm{s}^{-1}$，说明

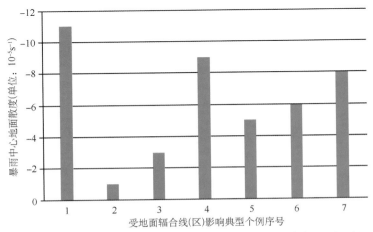

图 2.13　7 例干混合型中尺度暴雨发生时地面散度（单位：$10^{-5}\,\mathrm{s}^{-1}$）

地面辐合线（区）产生气流辐合，形成局地强迫，当高空有动力抬升系统逼近时，触发不稳定能量的释放，从而产生了中尺度暴雨。

2.1.3.2 水汽条件

早有研究表明，大气的水汽来源主要靠三部分，一是降水区本地大气的局地水汽含量，二是来源于其他区域的水汽输送，三是降水区本地的水汽辐合，本节将从这三个方面讨论干混合型暴雨水汽条件。

（1）局地水汽含量

前面已经分析了干混合型中尺度暴雨发生前后，边界层有明显湿舌活动，湿舌与干舌配合产生局部锋生，且湿舌本身代表着高温、高湿、高能区，中尺度暴雨主要发生于湿舌顶部。可见，干混合型中尺度暴雨发生前，暴雨区边界层蕴含较丰富的水汽，有利于强降水的发生。

（2）水汽输送

从 T_d 平流合成分布图来看，干混合型中尺度暴雨的水汽输送主要集中在 850 hPa 附近（图 2.4）。暴雨发生前，暴雨区南侧有正露点温度平流区域存在，中心值约 $0.3\times10^{-5}\,℃/s$；暴雨发生时，正露点温度平流区逐渐向暴雨区上空发展，强度维持不变；暴雨发生后，湿平流区开始缩小。可见，水汽输送为暴雨发生提供了水汽来源。

（3）水汽辐合

图 2.14 是水汽通量散度合成图，可见水汽辐合主要位于 850 hPa 以下的边界层，暴雨发生前 12 h，暴雨区上空有一条水汽辐合带形成，暴雨区水汽通量散度为 $-3\times10^{-8}\,g\cdot cm^{-2}\cdot hPa^{-1}\cdot s^{-1}$，随着边界层偏北气流的加强，冷切尾部辐合加强，中心南压，水汽通量散度大值区逐渐向南伸展，与南部水汽辐合中心结合形成一条水汽输送带，暴雨区位于该水汽输送带上，且水汽通量散度值为 $-4\times10^{-8}\,g\cdot cm^{-2}\cdot hPa^{-1}\cdot s^{-1}$，水汽辐合加强。

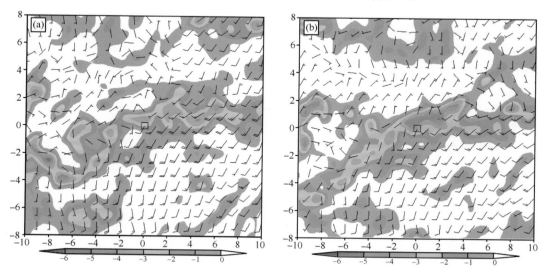

图 2.14　10 例干混合型中尺度暴雨 925 hPa 水汽通量散度合成分布图（单位：$10^{-8}\,g\cdot cm^{-2}\cdot hPa^{-1}\cdot s^{-1}$）
（a）暴雨发生前 12 h，（b）暴雨发生时

2.1.3.3 不稳定条件

统计表明,干混合型中尺度暴雨多为暖区内降水。暴雨发生前,850 hPa 以下均有较强的暖平流发展,暖平流合成分析图上中心值达 0.4×10^{-5}℃/s 以上(图略)。边界层暖平流的发展,加强了垂直温度递减率,热力不稳定加强。从干湿平流合成分布图上看(图略),暴雨发生前 6 h,700 hPa 为干平流,850 hPa、925 hPa 为弱的湿平流,说明中层变干,边界层变湿,上下产生差动湿度平流,上干下湿的不稳定得到加强。对应 K 指数均达 39 ℃以上。

为了从湿热两方面综合分析大气的不稳定条件,我们进一步来研究暴雨区假相当位温分布情况。图 2.15 为 $\Delta\theta_{se(500-850)}$ 合成分布图,可以看出,暴雨发生前 12 h,暴雨区南侧 $\Delta\theta_{se}$ 为大范围负值区,该负值区向暴雨区伸展,形成不稳定能量舌,暴雨区 $\Delta\theta_{se} \leqslant -8$ K;暴雨发生时,$\Delta\theta_{se}$ 强度减小,但仍维持在 -6 K 左右。假相当位温随高度递减,说明垂直方向维持较强的对流不稳定,这种对流性不稳定是一种潜在不稳定,一旦有了某种触发机制,即可产生强对流天气。

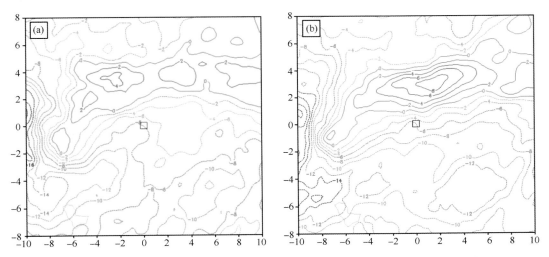

图 2.15 10 例干混合型中尺度暴雨 500 hPa 与 850 hPa 假相当位温差合成分布图(单位:K)
(a)暴雨发生前 12 h,(b)暴雨发生时

2.1.4 中尺度暴雨落区

上述通过对 10 例典型干混合型中尺度暴雨的合成诊断分析,得出该型中尺度暴雨落区有以下主要特点:

(1)位于 850 hPa 干线南侧 100 km 以内。

(2)位于 850 hPa 干湿平流零线偏湿平流一侧 50 km 以内。

(3)位于 850 hPa 冷暖平流零线偏暖平流一侧 50 km 以内。

(4)位于 700 hPa 低空急流左侧 100 km 以内。

(5)位于 850 hPa($T_d \geqslant 18$ ℃)、925 hPa($T_d \geqslant 21$ ℃)湿舌顶部或左侧靠近干线处。

(6)位于地面辐合线(区)附近。

(7)位于水汽通量散度大值区($\leqslant -4 \times 10^{-8}$ g·cm^{-2}·hPa^{-1}·s^{-1})与 K 指数大值区

（≥39 ℃）重叠区域。

此外，当 850 hPa 锋生函数≥20 K·hPa^{-1}·s^{-3}，可能出现 3 小时≥100 mm 降水。

综上所述，中尺度暴雨落区位于边界层干线南侧、干湿冷暖平流零线偏暖湿一侧、低空急流左侧、地面气流汇合区中心、湿舌顶端以及水汽通量散度和 K 指数大值中心等重合区域。

2.1.5　中尺度天气分析思路

通过对干混合型中尺度暴雨发生发展的动力、水汽、不稳定条件分析，总结得到此类中尺度暴雨天气分析思路是：

（1）了解大气的整个环流配置，关注环流背景是否有利于产生强对流天气。

（2）分析 850 hPa 以下干线、干湿冷暖平流、干舌、湿舌、显著气流、锋生函数，判断中尺度暴雨发生动力条件，重点关注干湿舌交汇处，以及干湿、冷暖平流零线区域。

（3）分析高层涡度平流变化及上下层的差动涡度平流，关注高层系统是否有利于对流系统的发展。

（4）分析边界层水汽通量散度及露点温度，判断中尺度暴雨发生的水汽条件，重点关注湿舌顶部及水汽通量散度中心区域。

（5）分析 K 指数、500 hPa 到 850 hPa 假相当位温差值，判断中尺度暴雨发生的不稳定条件，重点关注 K 指数≥39 ℃ 及 $\Delta\theta_{se(500-850)}$≤−8 K 区域。

（6）综合以上动力、水汽、不稳定条件分析，利用叠套法最终判断中尺度暴雨落区。

2.1.6　结论

本节通过 10 例干混合型中尺度暴雨典型个例的合成诊断分析，总结了该型暴雨落区和中尺度天气主要分析思路，具体结论如下：

（1）干混合型中尺度暴雨多发生在暖区内，降水落区稳定少动，降水时间维持较长，范围较小，一般在 10000 km² 左右，小时最大雨强一般为 30～50 mm，≥20 mm/h 雨强维持时间一般 1～2 h，≥10 mm/h 雨强维持时间一般 5～14 h。

（2）暴雨发生前：大气水汽条件好，边界层形成湿舌，暴雨区上空有较强的水汽辐合，暴雨主要发生在湿舌顶部；边界层有暖湿平流发展，暴雨区上空假相当位温随高度递减，存在较强的对流不稳定。

（3）干线主要位于边界层 850 hPa 以下，为准静止型干线，露点温度梯度较小，一般为 4 ℃/100 km，且 925 hPa 常有干舌配合。常在湿舌靠近干线（露点锋）一侧或干湿舌交汇地方，降水回波形成并维持。

（4）主要动力机制表现为：500 hPa 正涡度平流区加强向暴雨区伸展，促使边界层冷切尾部或气流汇合区气旋性涡度加强，暴雨区上空正涡度柱发展；同时，干线两侧干湿平流加强，随着边界层偏北显著气流加强，将干空气源源不断地卷入湿空气，以干舌和湿舌形式交汇，干湿空气缓慢混合，产生局部锋生，加强了上升运动的发展；边界层有正负温度平流对峙区，呈偶极分布，产生边界层小扰动，从而触发了暴雨发生。

2.2　干混合中尺度暴雨典型个例诊断分析

2.2.1　2007 年 7 月 8 日(钟祥)

编号:20070708-2-01

一、中尺度天气条件及暴雨落区

1. 暴雨中心:钟祥、荆门、随州,1 小时最大雨量 62 mm,3 小时累积雨量最大达 130 mm。

2. 主要中尺度天气系统:

(1)850 hPa、925 hPa 干线

(2)850、925 hPa 冷切尾部辐合区

(3)700 hPa、850 hPa、925 hPa 急流

(4)925 hPa 水平风速切变区

(5)850、925 hPa 偏北显著气流

(6)850 hPa、925 hPa 湿舌

(7)850 hPa、925 hPa 干舌

(8)地面辐合线

(9)300～400 hPa 次级环流

3. 动力条件:

(1)暴雨发生前 10 h,河南东南部至鄂西北有一条准东西向干线(925 hPa 4℃/50km)移动缓慢,其北侧形成干冷堆,下沉气流加强,产生强迫抬升;且偏北显著气流引导干空气穿过干线,进入干线南部的湿舌中,干湿空气交汇,暴雨区上空锋生函数加强(850 hPa $5 \rightarrow 30$ K·$hPa^{-1} \cdot s^{-3}$),促使暴雨区上升运动加强。

(2)暴雨发生前 4 h,500 hPa 鄂东正涡度平流区加强($-2 \times 10^{-9} \rightarrow 1 \times 10^{-9}$ s^{-2})并逐渐向暴雨区上空移动,促使江汉平原北部的 925 hPa 冷切尾部辐合发展(925 hPa 散度 $2 \times 10^{-5} \rightarrow -4 \times 10^{-5}$ s^{-1})。

(3)暴雨发生前 12 h,位于湖南东部—鄂东的边界层西南急流加强(925 hPa 风速 $16 \rightarrow 18$ m/s),上升运动发展,急流出口区左侧水平风速切变区(925 hPa 涡度 $8 \times 10^{-5} \rightarrow 12 \times 10^{-5}$ s^{-1})气旋性涡度加强。

(4)暴雨发生前 4 h,暴雨区上空边界层正负温度平流呈偶极分布,随着边界层显著气流发展,冷暖平流中心分别加强(925 hPa 暖平流 $1 \times 10^{-5} \rightarrow 2.4 \times 10^{-5}$ ℃/s,冷平流 $-3 \times 10^{-5} \rightarrow -6 \times 10^{-5}$ ℃/s),在暴雨区上空产生边界层小扰动,暴雨区上空辐合上升运动加强。

(5)暴雨发生前 4 h,在地面东北方向、西北方向和偏南方向有三支显著气流在随州汇合,到暴雨发生前 1 h,该汇合区转变成一条西南—东北向的辐合线,辐合区明显(散度 -11×10^{-5} s^{-1}),导致低层扰动加强。

(6)暴雨发生前 4 h,暴雨区上空散度中心由辐合转为辐散(200 hPa 散度 $-2 \times 10^{-5} \rightarrow 6 \times 10^{-5}$ s^{-1}),高层辐散抽吸作用配合 300～400 hPa 次级环流有利于暴雨区上空气流加速流出。

综上所述:本次暴雨是 500 hPa 正涡度平流区北抬,促使冷切尾部辐合发展,干湿空气交

汇,锋区加强,急流出口区左侧上升运动加强,边界层小扰动触发,以及地面辐合线、高层辐散等动力条件共同作用结果。

4. 水汽条件:

(1)暴雨发生前 4 h,重庆北部边界层有一湿舌向随州地区伸展,并维持少变(925 hPa $T_d \geq 24℃$)。

(2)暴雨发生前 4 h,湿舌内有弱的湿平流(925 hPa $\geq 0 \times 10^{-5}℃/s$),表明有水汽向暴雨区输送。

(3)暴雨发生前 4 h,河南南部一带边界层水汽通量散度中心区域(925 hPa 10×10^{-8} g·cm^{-2}·hPa^{-1}·s^{-1})南压至宜昌一带,暴雨区上空形成较强的水汽辐合中心。

5. 不稳定条件:

(1)暴雨发生前 4 h,暴雨区上空假相当位温随高度递减($\Delta\theta_{se(500-850)} \leq -10$ K),维持较强对流不稳定;

(2)暴雨发生前 10 h,在 850 hPa 有湿位涡 MPV_1 项($-0.3 \to -1.4$ PVU)负值中心与暴雨区配合,表明边界层湿不稳定能量明显加强;

(3)暴雨发生前 4 h,K 指数大值区($\geq 39℃$)一直维持在鄂西南—鄂东北,暴雨区上空维持较强不稳定。

6. 暴雨落区:

(1)925 hPa 西南急流出口区左侧 150 km 以内;

(2)850 hPa、925 hPa 冷切尾部辐合区附近;

(3)地面辐合线 50 km 以内;

(4)925 hPa 冷暖平流零线靠近暖平流 50 km 以内;

(5)925 hPa 干湿平流零线靠近湿平流 50 km 以内;

(6)水汽通量散度大值中心与 K 指数大值区重叠区域。

综上所述,暴雨落区位于边界层西南急流出口区左侧,边界层冷切尾部辐合区,地面辐合线附近,925 hPa 干湿冷暖平流零线附近,以及水汽通量散度和 K 指数大值中心重合区域。

二、中尺度天气分析参考值

物理量名称	层次(hPa)	参考值	单位及量级	备注
边界层急流	925	≥ 16	m/s	动力
显著气流	925	≥ 10	m/s	动力
散度	200	≥ 6	10^{-5} s^{-1}	动力
涡度	925	≥ 12	10^{-5} s^{-1}	动力
散度	925	≤ -4	10^{-5} s^{-1}	动力
位涡高值区	400	≥ 2	PVU	动力
位涡低值区	200	≤ -0.4	PVU	动力
涡度平流	500	≥ 1	10^{-9} s^{-2}	动力
锋生函数	850	≥ 30	K·hPa^{-1}·s^{-3}	动力
MPV_2	850	≤ -1.6	PVU	动力
冷平流	925	≤ -6	$10^{-5}℃/s$	动力
暖平流	925	≥ 2.4	$10^{-5}℃/s$	动力
干平流	925	≤ -5	$10^{-5}℃/s$	动力

续表

物理量名称	层次（hPa）	参考值	单位及量级	备注
K 指数	/	$\geqslant 39$	℃	不稳定
$\Delta\theta_{se}$	$500-850$	$\leqslant -10$	K	不稳定
MPV_1	850	$\leqslant -1.4$	PVU	不稳定
湿平流	925	$\geqslant 0$	10^{-5} ℃/s	水汽
湿舌（区）	925	$\geqslant 24$	℃	水汽
水汽通量散度	925	$\leqslant -10$	10^{-8} g·cm^{-2}·hPa^{-1}·s^{-1}	水汽

三、中尺度天气系统三维结构图

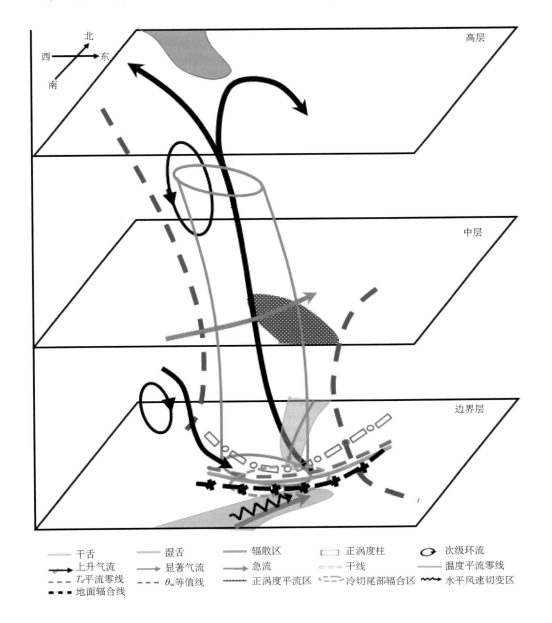

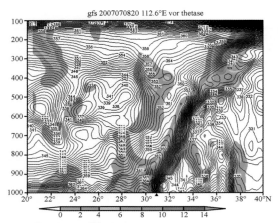

2007 年 7 月 8 日 20 时沿 112.6°E 涡度和假相当位温垂直分布（单位：$10^{-5}s^{-1}$,K）

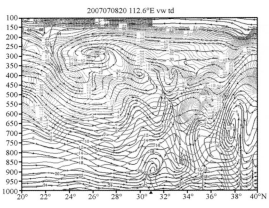

2007 年 7 月 8 日 20 时沿 112.6°E 流场和露点垂直分布（单位：℃）

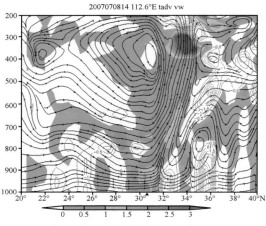

2007 年 7 月 8 日 14 时沿 112.6°E 流场和温度平流垂直分布（单位：10^{-5}℃/s）

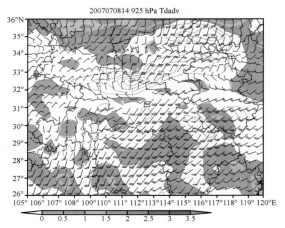

2007 年 7 月 8 日 14 时 925 hPa 干湿平流（单位：10^{-5}℃/s）

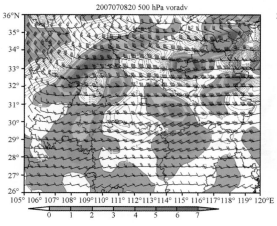

2007 年 7 月 8 日 20 时 500 hPa 涡度平流（单位：$10^{-9}s^{-2}$）

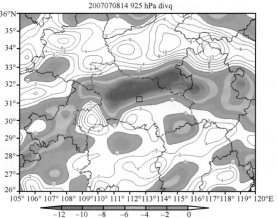

2007 年 7 月 8 日 14 时 925 hPa 水汽通量散度（单位：$10^{-8}g \cdot cm^{-2} \cdot hPa^{-1} \cdot s^{-1}$）

2.2.2 2008年6月21日(夷陵区)

编号:20080621-2-02

一、中尺度天气条件及暴雨落区

1. 暴雨中心:夷陵区、长阳附近,1小时最大雨量35 mm(长阳),3小时累积雨量最大达58 mm(夷陵区)。

2. 主要中尺度天气系统:

(1)850 hPa、925 hPa干线

(2)700 hPa正涡度平流区

(3)850 hPa、925 hPa冷切尾部辐合区

(4)850 hPa、925 hPa急流

(5)200～300 hPa次级环流

(6)边界层次级环流

(7)850 hPa、925 hPa湿舌

(8)925 hPa干舌

(9)925 hPa偏北显著气流

3. 动力条件:

(1)暴雨发生前4 h,鄂西北与鄂西南、江汉平原交界处有一条东西向干线(925 hPa 3℃/100 km)稳定少动,干线北侧有偏北显著气流(925 hPa风速6 m/s)穿过干线,带入干空气与西南湿空气交汇,形成局部锋生,其北侧锋生函数加强(850 hPa 5→15 K·hPa^{-1}·s^{-3}),促使暴雨区上升运动加强;另外,由于干线北侧干冷堆加强,干冷空气加速下沉,南侧暖湿气流上升,在边界层形成次级环流,其上升支与暴雨区上升气流叠加,进一步加强上升运动。

(2)暴雨发生前4 h,700 hPa恩施附近正涡度平流区加强并逐渐向暴雨区上空移动(0→3×10^{-9}s^{-2}),促使暴雨区西北侧的冷切尾部辐合加强(850 hPa散度0→−4×10^{-5}s^{-1}),有上升运动发展。

(3)暴雨发生前4 h,边界层有西南急流(850 hPa风速10 m/s)位于江汉平原南部,暴雨区位于急流出口区左侧,有上升运动发展。

(4)暴雨发生前4 h,暴雨区上空边界层正负温度平流呈偶极分布,冷暖平流中心维持(925 hPa暖平流1.5×10^{-5}℃/s,冷平流−1.5×10^{-5}℃/s),在暴雨区上空产生边界层小扰动,暴雨区上空辐合上升运动加强。

(5)暴雨发生前4 h,江汉平原北部散度中心加强(200 hPa 0→4×10^{-5}s^{-1}),高层辐散抽吸作用加强,配合200～300 hPa次级环流有利于暴雨区上空气流加速流出。

综上所述,本次暴雨是700 hPa正涡度平流区加强东移,促使边界层冷切尾部辐合加强、湿度锋区加强,锋生次级环流上升支叠加,边界层小扰动触发,配合急流出口区左侧、高层辐散等动力条件共同作用结果。

4. 水汽条件:

(1)暴雨发生前4 h,在重庆南部边界层有一湿舌向江汉平原—鄂东北伸展(925 hPa T_d≥22℃)。

(2)暴雨发生前 4 h,湿舌内暴雨区西南侧有湿平流明显加强(925 hPa $0 \to 0.6 \times 10^{-5}$ ℃/s),表明有较强水汽向暴雨区输送。

(3)暴雨发生前 4 h,宜昌上空边界层水汽通量散度加强(925 hPa $-6 \times 10^{-8} \to -8 \times 10^{-8}$ g·cm^{-2}·hPa^{-1}·s^{-1}),表明暴雨区上空水汽辐合加强。

5. 不稳定条件:

(1)暴雨发生前 4 h,暴雨区上空假相当位温随高度递减($\Delta \theta_{se(500-850)} \leqslant -12$ K),维持较强对流不稳定。

(2)暴雨发生前 4 h,暴雨区上空存在 MPV_1 小于零区域(925 hPa$\leqslant -1$ PVU),表明边界层存在湿不稳定能量。

(3)暴雨发生前 4 h,K 指数大值区($\geqslant 39$℃)在湖北南部稳定少动,暴雨区上空不稳定维持。

6. 暴雨落区:

(1)850 hPa 西南急流出口区左侧 200 km 以内;

(2)850 hPa、925 hPa 冷切尾部辐合区中心附近;

(3)850 hPa 冷暖平流零线靠近暖平流一侧 50 km 以内;

(4)925 hPa 冷暖平流零线靠近冷平流一侧 50 km 以内;

(5)850 hPa 干湿平流零线靠近湿平流一侧 50 km 以内;

(6)水汽通量散度大值中心 50 km 以内与 K 指数大值区重合处。

综上所述,暴雨落区位于边界层冷切尾部辐合区,冷暖干湿平流零线附近,急流出口区左侧以及水汽通量散度和 K 指数大值区重合区域。

二、中尺度天气分析参考值

物理量名称	层次(hPa)	参考值	单位及量级	备注
边界层急流	850	$\geqslant 10$	m/s	动力
显著气流	925	$\geqslant 6$	m/s	动力
散度	200	$\geqslant 4$	$10^{-5}\,s^{-1}$	动力
涡度	925	$\geqslant 4$	$10^{-5}\,s^{-1}$	动力
散度	850	$\leqslant -4$	$10^{-5}\,s^{-1}$	动力
位涡高值区	/	/	PVU	动力
位涡低值区	200	$\leqslant -0.6$	PVU	动力
涡度平流	700	$\geqslant 2$	$10^{-9}\,s^{-2}$	动力
锋生函数	850	$\geqslant 15$	K·hPa^{-1}·s^{-3}	动力
MPV_2	700	$\leqslant -0.5$	PVU	动力
冷平流	925	$\leqslant -1.5$	10^{-5}℃/s	动力
暖平流	925	$\geqslant 1.5$	10^{-5}℃/s	动力
干平流	925	$\leqslant -2$	10^{-5}℃/s	动力
K 指数	/	$\geqslant 39$	℃	不稳定
$\Delta \theta_{se}$	$500-850$	$\leqslant -12$	K	不稳定
MPV_1	925	$\leqslant -1$	PVU	不稳定
湿平流	925	$\geqslant 0.6$	10^{-5}℃/s	水汽
湿舌(区)	925	$\geqslant 22$	℃	水汽
水汽通量散度	925	$\leqslant -8$	10^{-8}g·cm^{-2}·hPa^{-1}·s^{-1}	水汽

三、中尺度天气系统三维结构图

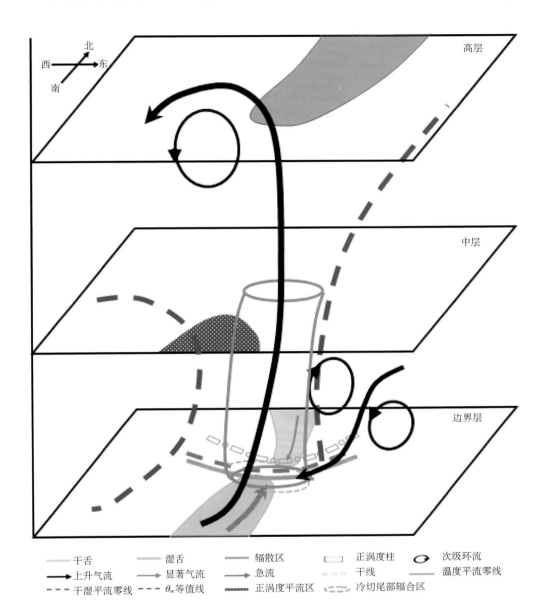

——干舌	——湿舌	——辐散区	▭ 正涡度柱	◯ 次级环流
➡上升气流	➡显著气流	➡急流	⬚ 干线	——温度平流零线
┅┅干湿平流零线	┅┅$θ_{se}$等值线	┅┅正涡度平流区	⬚ 冷切尾部辐合区	

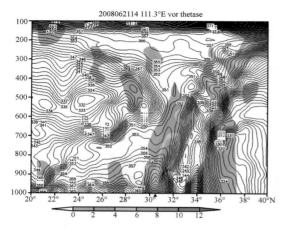

2008 年 6 月 21 日 14 时沿 111.3°E 涡度和假相当位温垂直分布（单位：$10^{-5}\,s^{-1}$，K）

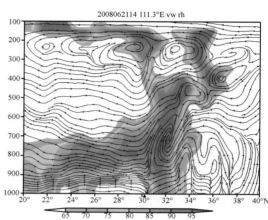

2008 年 6 月 21 日 14 时沿 111.3°E 流场和相对湿度垂直分布（单位：%）

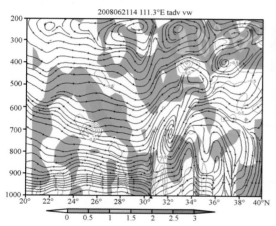

2008 年 6 月 21 日 14 时沿 111.3°E 流场和温度平流垂直分布（单位：$10^{-5}\,℃/s$）

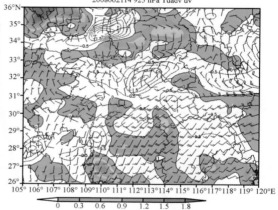

2008 年 6 月 21 日 14 时 925hPa 干湿平流（单位：$10^{-5}\,℃/s$）

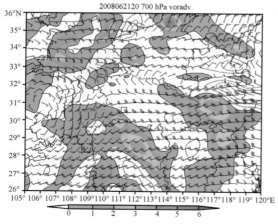

2008 年 6 月 21 日 20 时 700 hPa 涡度平流（单位：$10^{-9}\,s^{-2}$）

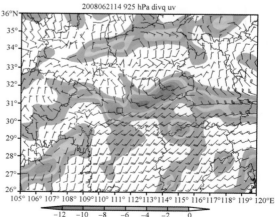

2008 年 6 月 21 日 14 时 925 hPa 水汽通量散度（单位：$10^{-8}\,g\cdot cm^{-2}\cdot hPa^{-1}\cdot s^{-1}$）

2.2.3　2008 年 8 月 15 日(长阳)

编号:20080815-2-03

一、中尺度天气条件及暴雨落区

1. 暴雨中心:长阳附近,1 小时最大雨量 52 mm,3 小时累积雨量最大达 71 mm。
2. 主要中尺度天气系统:
(1)850 hPa、925 hPa 干线
(2)500 hPa 正涡度平流区
(3)700 hPa 暖切顶部
(4)850 hPa 中尺度低涡
(5)925 hPa 气流汇合区
(6)700 hPa 急流
(7)925~700 hPa 次级环流
(8)200~300 hPa 次级环流
(9)850 hPa、925 hPa 湿舌
(10)925 hPa 东北显著气流
(11)地面辐合区
3. 动力条件:
(1)暴雨发生前 7 h,鄂西北到鄂东北有一条西北—东南向干线加强并转为准东西向(925 hPa 3→4 ℃/100 km),干线北侧东北显著气流加强(925 hPa 风速 6→16 m/s)并穿过干线,带入干空气与其前部湿空气交汇,产生局部锋生,对应暴雨区上空锋生函数加强(925 hPa 5→15 K · hPa^{-1} · s^{-3}),促使暴雨区上升运动加强;另外,由于干线北侧干冷堆加强,干冷空气加速下沉,南侧暖湿气流上升,在低层形成次级环流,其上升支与暴雨区上升气流叠加,进一步加强上升运动。

(2)暴雨发生前 7 h,500 hPa 重庆北部有一正涡度平流区加强并逐渐向鄂西南上空伸展,暴雨区上空正涡度平流加强(0→1×10^{-9} s^{-2}),促使长阳附近 850 hPa 形成中尺度低涡(850 hPa 涡度 4×10^{-5}→16×10^{-5} s^{-1}),气旋性环流加强进一步在 925 hPa 产生气流汇合区(925 hPa 散度 −4×10^{-5}→−12×10^{-5} s^{-1})。

(3)暴雨发生前 7 h,位于湖南西北部到鄂西南地区西南低空急流明显加强(700 hPa 风速 8→14 m/s),暴雨区位于急流出口区左侧,有上升运动发展。

(4)暴雨发生时,暴雨区上空边界层正负温度平流呈偶极分布,冷暖平流中心维持(850 hPa暖平流 1×10^{-5}℃/s,冷平流−1.5×10^{-5}℃/s),在暴雨区上空产生边界层小扰动,暴雨区上空辐合上升运动加强。

(5)暴雨发生时,在地面东北方向、偏东方向和西南方向有三支显著气流在暴雨区汇合,其辐合区加强(散度 −1×10^{-5} s^{-1}),导致低层扰动加强。

(6)暴雨发生前 1 h,宜昌附近上空有一辐散中心加强并逐渐向东南方向移动(200 hPa 散度 5→10×10^{-5} s^{-1}),高层存在辐散抽吸作用,配合高层次级环流有利于暴雨区上空气流加速流出。

综上所述,本次暴雨是 500 hPa 正涡度平流区加强南伸,促使边界层中尺度低涡及气流汇合区发展,湿度锋区加强,锋生次级环流上升支叠加,边界层小扰动触发,配合急流出口区左侧,地面急流汇合区及高层辐散等动力条件共同作用结果。

4. 水汽条件：

(1)暴雨发生前 7 h,自重庆南部边界层有一湿舌向江汉平原伸展,并维持少变(925 hPa $T_d \geqslant 21℃$)。

(2)暴雨发生前 1 h,在湿舌内有湿平流维持(850 hPa $0.9 \times 10^{-5}℃/s$),表明有较强水汽向暴雨区输送。

(3)暴雨发生前 7 h,鄂西南到鄂西北之间有一水汽通量散度中心加强南压,暴雨区上空水汽辐合明显加强(925 hPa $-4 \times 10^{-8} \rightarrow -20 \times 10^{-8} g \cdot cm^{-2} \cdot hPa^{-1} \cdot s^{-1}$)。

5. 不稳定条件：

(1)暴雨发生前 7 h,暴雨区上空假相当位温随高度递减($\Delta\theta_{se(500-850)} \leqslant -6 K$),维持较强对流不稳定;

(2)暴雨发生前 7 h,925 hPa 湿位涡 MPV_1 项负值中心在暴雨区上空维持(-0.6 PVU),表明边界层存在湿不稳定能量;

(3)暴雨发生前 7 h,K 指数大值区($\geqslant 39℃$)稳定少动,暴雨区上空不稳定维持。

6. 暴雨落区：

(1)700 hPa 西南急流出口区左侧 100 km 以内;

(2)850 hPa 中尺度低涡中心东南象限;

(3)925 hPa 气流汇合区中心附近;

(4)850 hPa 干湿平流零线靠近湿平流一侧 50 km 以内;

(5)850 hPa 冷暖平流零线靠近暖平流一侧 50 km 以内;

(6)地面辐合区中心附近;

(7)水汽通量散度大值区与 K 指数大值区重叠区域。

综上所述,暴雨落区位于西南低空急流出口区左侧,边界层中尺度低涡中心及气流汇合区附近,干湿冷暖平流零线靠近暖湿一侧附近,地面辐合区以及水汽通量散度和 K 指数大值中心重合区域。

二、中尺度天气分析参考值

物理量名称	层次(hPa)	参考值	单位及量级	备注
低空急流	700	$\geqslant 14$	m/s	动力
显著气流	925	$\geqslant 16$	m/s	动力
散度	200	$\geqslant 10$	$10^{-5} s^{-1}$	动力
涡度	850	$\geqslant 16$	$10^{-5} s^{-1}$	动力
散度	925	$\leqslant -12$	$10^{-5} s^{-1}$	动力
位涡高值区	700	$\geqslant 2$	PVU	动力
位涡低值区	200	$\leqslant -0.2$	PVU	动力
涡度平流	500	$\geqslant 1$	$10^{-9} s^{-2}$	动力
锋生函数	925	$\geqslant 15$	$K \cdot hPa^{-1} \cdot s^{-3}$	动力
MPV_2	500	$\leqslant -0.5$	PVU	动力
冷平流	850	$\leqslant -1.5$	$10^{-5}℃/s$	动力
暖平流	850	$\geqslant 1$	$10^{-5}℃/s$	动力
干平流	850	$\leqslant -1.0$	$10^{-5}℃/s$	动力

续表

物理量名称	层次(hPa)	参考值	单位及量级	备注
K 指数	/	$\geqslant 39$	℃	不稳定
$\Delta\theta_{se}$	$500-850$	$\leqslant -6$	K	不稳定
MPV_1	925	$\leqslant -0.6$	PVU	不稳定
湿平流	850	$\geqslant 0.9$	10^{-5}℃/s	水汽
湿舌(区)	925	$\geqslant 21$	℃	水汽
水汽通量散度	925	$\leqslant -20$	10^{-8}g·cm^{-2}·hPa^{-1}·s^{-1}	水汽

三、中尺度天气系统三维结构图

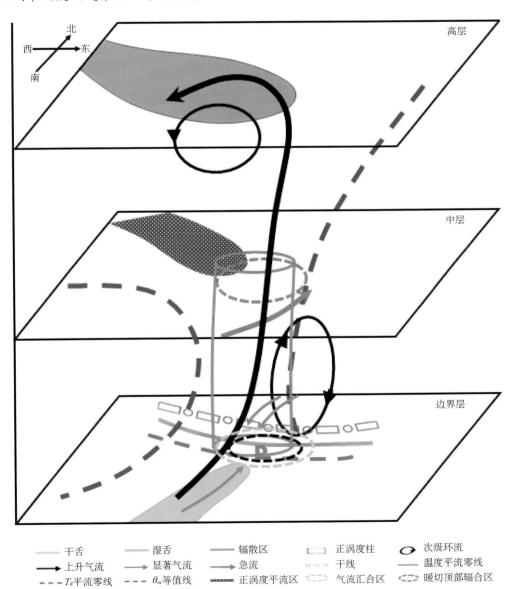

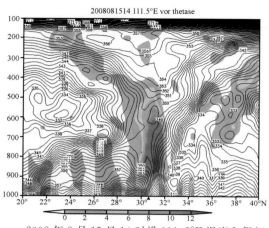

2008 年 8 月 15 日 14 时沿 111.5°E 涡度和假相当位温垂直分布(单位:$10^{-5}\,s^{-1}$,K)

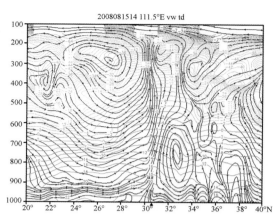

2008 年 8 月 15 日 14 时沿 111.5°E 流场和露点垂直分布(单位:℃)

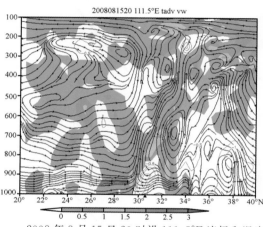

2008 年 8 月 15 日 20 时沿 111.5°E 流场和温度平流垂直分布(单位:10^{-5}℃/s)

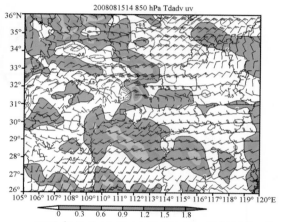

2008 年 8 月 15 日 14 时 850 hPa 干湿平流(单位:10^{-5}℃/s)

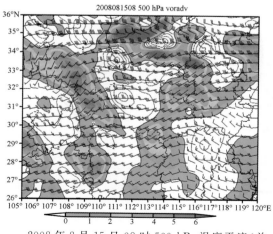

2008 年 8 月 15 日 08 时 500 hPa 涡度平流(单位:$10^{-9}\,s^{-2}$)

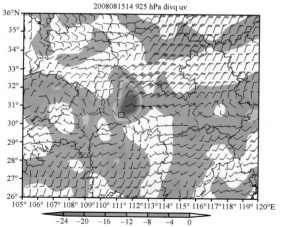

2008 年 8 月 15 日 14 时 925 hPa 水汽通量散度(单位:$10^{-8}\,g\cdot cm^{-2}\cdot hPa^{-1}\cdot s^{-1}$)

2.2.4　2009 年 6 月 29 日(汉川)

编号:20090629-2-04

一、中尺度天气条件及暴雨落区

1. 暴雨中心:汉川、应城附近,1 小时最大雨量 41 mm,3 小时累积雨量最大达 66 mm。

2. 主要中尺度天气系统:

(1)850 hPa、925 hPa 干线

(2)500 hPa 正涡度平流区

(3)850 hPa、925 hPa 冷切尾部

(4)200 hPa 次级环流

(5)850～700 hPa 次级环流

(6)850 hPa、925 hPa 湿舌

(7)925 hPa 干舌

(8)700 hPa 、850 hPa 、925 hPa 急流

(9)850 hPa 、925 hPa 水平风速切变区

(10)925 hPa 偏北显著气流

(11)地面辐合区

3. 动力条件:

(1)暴雨发生前 8 h,自河南南部到宜昌附近有一条东北—西南向干线(925 hPa 5℃/100 km)稳定少动,干线北侧有偏北显著气流加强(925 hPa 风速 4→8 m/s),带动干空气穿过干线,以干舌形式与其右侧湿空气交汇,产生局部锋生,暴雨区北侧锋生函数加强(850 hPa 0→10 K・hPa^{-1}・s^{-3});另外,由于干线北侧干冷空气加速下沉,南侧暖湿气流上升,在 850～700 hPa 形成次级环流,其上升支与暴雨区上升气流叠加,进一步加强上升运动。

(2)暴雨发生前 2 h,500 hPa 鄂西北正涡度平流区向汉川上空伸展(0→$3×10^{-9}s^{-2}$),边界层中尺度低涡北抬转成冷切,其尾部辐合区加强(850 hPa 散度 $2×10^{-5}$→$-4×10^{-5}s^{-1}$),有上升运动发展。

(3)暴雨发生前 8 h,位于湖南中部—鄂东的低空西南急流加强(925 hPa 风速 8→12 m/s),急流出口区左侧水平风速切变区有上升运动发展。

(4)暴雨发生前 2 h,暴雨区上空边界层正负温度平流呈偶极分布,随着边界层显著气流发展,冷暖平流中心分别加强(925 hPa 暖平流 $0.5×10^{-5}$→$0.8×10^{-5}$℃/s,冷平流 0→$-0.6×10^{-5}$℃/s),在暴雨区上空产生边界层小扰动,暴雨区上空辐合上升运动加强。

(5)暴雨发生前 2 h,在地面东北方向、西北方向和偏西方向有三支显著气流在应城附近汇合,其辐合明显加强(散度 $-1×10^{-5}$→$-3×10^{-5}s^{-1}$)。

(6)暴雨发生前 2 h,暴雨区上空散度中心加强(200 hPa $6×10^{-5}$→$8×10^{-5}s^{-1}$),高层辐散抽吸作用配合高空次级环流有利于暴雨区上空气流加速流出。

综上所述,本次暴雨是 500 hPa 正涡度平流区加强南伸,促使边界层冷切尾部辐合发展,锋区加强,锋生次级环流上升支叠加,边界层小扰动触发,配合急流出口区左侧上升气流,以及地面气流汇合区、高层辐散等动力条件共同作用结果。

4．水汽条件：

（1）暴雨发生前 8 h，自湖南省北部边界层有一湿舌向鄂东北伸展，并维持少变（925 hPa $T_d \geqslant 21$℃）。

（2）暴雨发生前 8 h，湿舌内有湿平流维持（925 hPa 1.0×10^{-5}℃/s），暴雨上空有较强水汽输送。

（3）暴雨发生前 2 h，湖南省西北部边界层水汽通量散度中心区域向东北方向伸展，暴雨区上空水汽辐合加强（925 hPa $-4 \times 10^{-8} \rightarrow -8 \times 10^{-8}$ g·cm^{-2}·hPa^{-1}·s^{-1}）。

5．不稳定条件：

（1）暴雨发生前 8 h，暴雨区上空假相当位温随高度递减，对流不稳定加强（$\Delta\theta_{se(500-850)} -2 \rightarrow -4$ K）；

（2）暴雨发生前 8 h，暴雨区上空存在 MPV$_1$ 小于零区域（850 hPa $\leqslant -0.2$ PVU），表明边界层湿不稳定能量稳定维持。

（3）暴雨发生前 8 h，K 指数大值区（$\geqslant 39$℃）一直维持在湖北省中东部，暴雨区上空不稳定稳定维持。

6．暴雨落区：

（1）925 hPa 西南急流出口区左侧 100 km 以内；

（2）850 hPa、925 hPa 冷切尾部辐合区中心附近；

（3）地面气流汇合区附近；

（4）925 hPa 冷暖平流零线附近 50 km 以内；

（5）925 hPa 干湿平流零线附近 50 km 以内；

（6）水汽通量散度大值中心与 K 指数大值区重合处。

综上所述，暴雨落区位于边界层西南急流出口区左侧，冷切尾部辐合区、地面辐合区附近，冷暖、干湿平流零线附近以及水汽通量散度和 K 指数大值区重合区域。

二、中尺度天气分析参考值

物理量名称	层次（hPa）	参考值	单位及量级	备注
边界层急流	925	$\geqslant 12$	m/s	动力
显著气流	925	$\geqslant 8$	m/s	动力
散度	200	$\geqslant 8$	10^{-5} s^{-1}	动力
涡度	925	$\geqslant 8$	10^{-5} s^{-1}	动力
散度	850	$\leqslant -4$	10^{-5} s^{-1}	动力
位涡高值区	500	$\geqslant 1.2$	PVU	动力
位涡低值区	/	/	PVU	动力
涡度平流	500	$\geqslant 3$	10^{-9} s^{-2}	动力
锋生函数	850	$\geqslant 10$	K·hPa^{-1}·s^{-3}	动力
MPV$_2$	925	$\leqslant -1.6$	PVU	动力
冷平流	925	$\leqslant -0.6$	10^{-5}℃/s	动力
暖平流	925	$\geqslant 0.8$	10^{-5}℃/s	动力
干平流	925	$\leqslant -0.5$	10^{-5}℃/s	动力

续表

物理量名称	层次(hPa)	参考值	单位及量级	备注
K 指数	/	$\geqslant 39$	℃	不稳定
$\Delta\theta_{se}$	$500-850$	$\leqslant -4$	K	不稳定
MPV_1	850	$\leqslant -0.2$	PVU	不稳定
湿平流	925	$\geqslant 1$	10^{-5}℃/s	水汽
湿舌(区)	925	$\geqslant 21$	℃	水汽
水汽通量散度	925	$\leqslant -8$	10^{-8}g $\cdot$ cm^{-2} $\cdot$ hPa^{-1} $\cdot$ s^{-1}	水汽

三、中尺度天气系统三维结构图

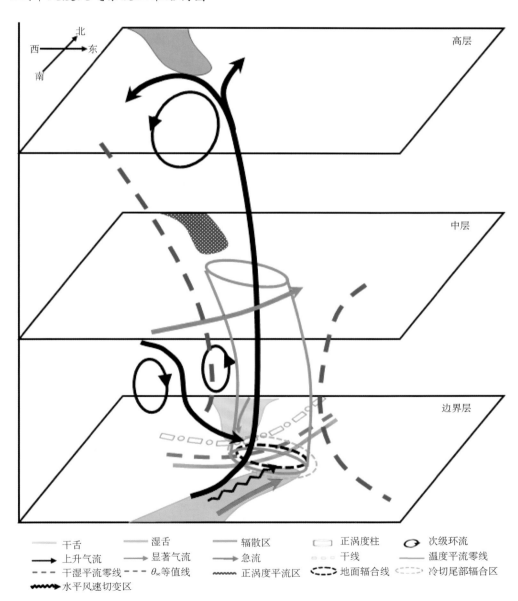

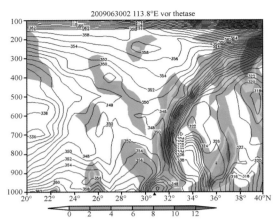

2009 年 6 月 30 日 02 时沿 113.8°E 涡度和假相当位温垂直分布(单位:$10^{-5}\,s^{-1}$,K)

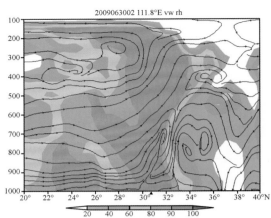

2009 年 6 月 30 日 02 时沿 113.8°E 流场和相对湿度垂直分布(单位:%)

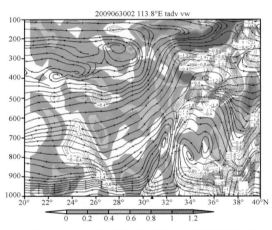

2009 年 6 月 30 日 02 时沿 113.8°E 流场和温度平流垂直分布(单位:$10^{-5}\,℃/s$)

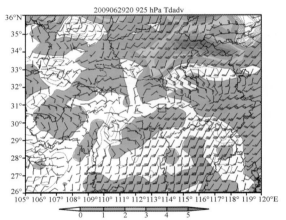

2009 年 6 月 29 日 20 时 925 hPa 干湿平流(单位:$10^{-5}\,℃/s$)

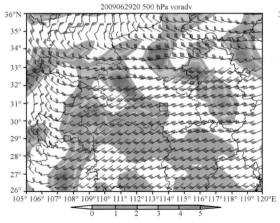

2009 年 6 月 29 日 20 时 500 hPa 涡度平流(单位:$10^{-9}\,s^{-2}$)

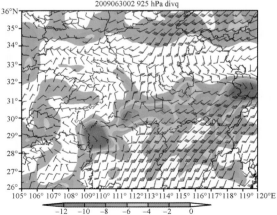

2009 年 6 月 30 日 02 时 925 hPa 水汽通量散度(单位:$10^{-8}\,g\cdot cm^{-2}\cdot hPa^{-1}\cdot s^{-1}$)

2.2.5　2009 年 7 月 23 日（云梦）

编号：20090723-2-05

一、中尺度天气条件及暴雨落区

1. 暴雨中心：云梦、麻城附近，1 小时最大雨量 77 mm，3 小时累积雨量最大达 88 mm。

2. 主要中尺度天气系统：

（1）850 hPa、925 hPa 干线

（2）500 hPa 正涡度平流区

（3）700 hPa、850 hPa、925 hPa 冷切尾部辐合区

（4）700 hPa、850 hPa、925 hPa 急流

（5）850 hPa 水平风速切变区

（6）400～500 hPa 次级环流

（7）850 hPa 、925 hPa 湿舌

（8）925 hPa 干舌

（9）925 hPa 偏北显著气流

（10）地面辐合线

3. 动力条件：

（1）暴雨发生前 8 h，河南东南部至江汉平原北部有一条东北—西南向干线加强（925 hPa 2→4 ℃/100 km），其北侧有干冷堆加强，干冷空气加速下沉，产生强迫抬升；另外，偏北显著气流穿过干线（925 hPa 风速 6 m/s），将干空气带入与其前部湿空气交汇，形成局部锋生，其西北侧锋生函数加强（850 hPa 10→15 K·hPa^{-1}·s^{-3}），促使暴雨区上升运动加强。

（2）暴雨发生前 8 h，500 hPa 云梦西北侧正涡度平流区加强（2×10^{-9}→6×10^{-9} s^{-2}）南移，促使位于冷切尾部的江汉平原南部辐合加强（850 hPa 散度 0→-4×10^{-5} s^{-1}）。

（3）暴雨发生前 2 h，鄂东南南部有边界层西南急流（925 hPa 风速 10 m/s），暴雨区位于急流出口区左侧水平风速切变区，有上升运动发展。

（4）暴雨发生前 2 h，暴雨区上空边界层正负温度平流呈偶极分布，随着边界层显著气流发展，冷暖平流中心分别加强（925 hPa 暖平流 0.2×10^{-5}→1×10^{-5} ℃/s，冷平流 -0.6×10^{-5}→-1×10^{-5} ℃/s），在暴雨区上空产生边界层小扰动，暴雨区上空辐合上升运动加强。

（5）暴雨发生前 8 h，鄂东北北部至江汉平原西部有地面辐合线形成并向暴雨区移动，导致暴雨区低层扰动加强（前 1 h 地面散度 -9×10^{-5} s^{-1}，前 2 h 地面涡度 12×10^{-5} s^{-1}）。

（6）暴雨发生前 8 h，宜昌上空散度中心加强东移至暴雨区西侧（200 hPa 散度 8×10^{-5}→20×10^{-5} s^{-1}），高层辐散抽吸作用加强，配合 400～500 hPa 次级环流，有利于暴雨区上空气流加速流出。

综上所述，本次暴雨是 500 hPa 正涡度平流区加强南移，促使边界层急流出口区左侧及冷切尾部辐合加强，湿度锋区加强，边界层小扰动触发，配合急流出口区左侧以及地面辐合线、高层辐散等动力条件共同作用结果。

4. 水汽条件：

（1）暴雨发生前 8 h，在鄂西南边界层有一湿舌向江汉平原南部伸展，并发展加强（925 hPa

T_d 21→23℃）。

（2）暴雨发生前 8 h,在湿舌内有湿平流明显加强(850 hPa 0→0.6×10^{-5}℃/s),且湿舌右侧边缘有西南急流向暴雨区输送较强水汽。

（3）暴雨发生前 2 h,暴雨区南侧边界层水汽通量散度大值区北抬(850 hPa −2×10^{-8}g·cm^{-2}·hPa^{-1}·s^{-1}),暴雨区上空水汽辐合明显加强。

5. 不稳定条件：

（1）暴雨发生前 8 h,暴雨区上空假相当位温随高度递减($\Delta\theta_{se(500-850)}$≤−6 K),维持较强对流不稳定;

（2）暴雨发生前 8 h,925 hPa 湿位涡 MPV_1 项在暴雨区上空负值中心加强(−0.5→−1 PVU),表明边界层湿不稳定能量明显加强;

（3）暴雨发生前 8 h,K 指数大值区(≥39℃)在我省中南部稳定维持,暴雨区上空不稳定加强。

6. 暴雨落区：

（1）925 hPa 西南急流出口区左侧 100 km 以内;

（2）925 hPa 冷切尾部辐合区;

（3）地面辐合线附近 50 km 以内;

（4）925 hPa 冷暖平流零线靠近冷平流一侧 50 km 以内;

（5）850 hPa 干湿平流零线靠近湿平流一侧 50 km 以内;

（6）水汽通量散度大值区与 K 指数大值区重叠区域。

综上所述,暴雨落区位于边界层西南急流出口区左侧,冷切尾部辐合区,地面辐合线附近,干湿冷暖平流零线靠近冷湿一侧附近,以及水汽通量散度和 K 指数大值区重合区域。

二、中尺度天气分析参考值

物理量名称	层次(hPa)	参考值	单位及量级	备注
边界层急流	850	≥12	m/s	动力
显著气流	925	≥6	m/s	动力
散度	200	≥20	10^{-5} s^{-1}	动力
涡度	850	≥8	10^{-5} s^{-1}	动力
散度	850	≤−4	10^{-5} s^{-1}	动力
位涡高值区	/	/	PVU	动力
位涡低值区	/	/	PVU	动力
涡度平流	500	≥6	10^{-9} s^{-2}	动力
锋生函数	850	≥15	K·hPa^{-1}·s^{-3}	动力
MPV_2	500	≤−1	PVU	动力
冷平流	925	≤−1	10^{-5}℃/s	动力
暖平流	925	≥1	10^{-5}℃/s	动力
干平流	850	≤−1.5	10^{-5}℃/s	动力

续表

物理量名称	层次(hPa)	参考值	单位及量级	备注
K 指数	/	$\geqslant 39$	℃	不稳定
$\Delta\theta_{se}$	$500-850$	$\leqslant -6$	K	不稳定
MPV_1	925	$\leqslant -1$	PVU	不稳定
湿平流	850	$\geqslant 0.6$	10^{-5} ℃/s	水汽
湿舌(区)	925	$\geqslant 23$	℃	水汽
水汽通量散度	850	$\leqslant -2$	$10^{-8}\ g \cdot cm^{-2} \cdot hPa^{-1} \cdot s^{-1}$	水汽

三、中尺度天气系统三维结构图

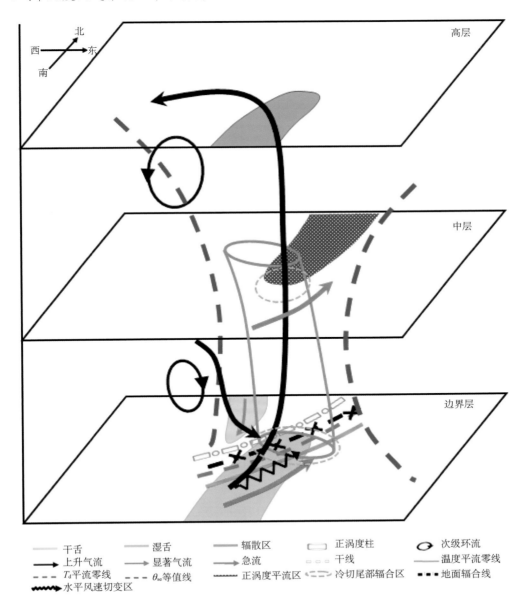

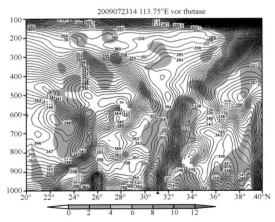

2009 年 7 月 23 日 14 时沿 113.75°E 涡度和假相当位温垂直分布(单位:10^{-5} s^{-1},K)

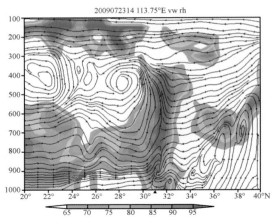

2009 年 7 月 23 日 14 时沿 113.75°E 流场和相对湿度垂直分布(单位:%)

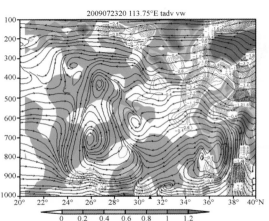

2009 年 7 月 23 日 20 时沿 113.75°E 流场和温度平流垂直分布(单位:10^{-5} ℃/s)

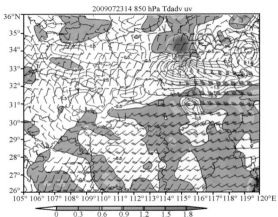

2009 年 7 月 23 日 14 时 850 hPa 干湿平流(单位:10^{-5} ℃/s)

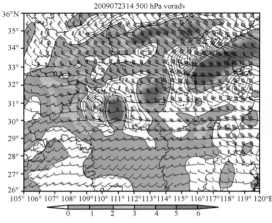

2009 年 7 月 23 日 14 时 500 hPa 涡度平流(单位:10^{-9} s^{-2})

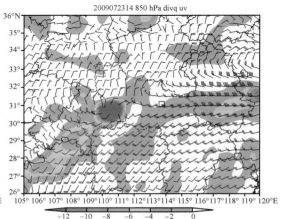

2009 年 7 月 23 日 14 时 850 hPa 水汽通量散度(单位:10^{-8} g·cm^{-2}·hPa^{-1}·s^{-1})

2.2.6　2010 年 7 月 17 日(保康)

编号:20100717-2-06

一、中尺度天气条件及暴雨落区

1. 暴雨中心:保康附近,1 小时最大雨量 62 mm,3 小时累积雨量最大达 79 mm。

2. 主要中尺度天气系统:

(1)850 hPa、925 hPa 干线

(2)500 hPa 正涡度平流区

(3)850 hPa 暖切顶部

(4)925 hPa 气流汇合区

(5)700 hPa、850 hPa 急流

(6)850~700 hPa 次级环流

(7)200 hPa 次级环流

(8)850 hPa、925 hPa 湿舌

(9)925 hPa 干舌

(10)925 hPa 偏北显著气流

3. 动力条件:

(1)暴雨发生前 8 h,陕南至鄂西北有一条准东西向干线加强并转为西北—东南向(925 hPa 2→3 ℃/100 km),干线北侧偏北显著气流加强(925 hPa 风速 8→14 m/s)并穿过干线,形成干舌并与其左侧湿空气交汇,产生局部锋生,对应暴雨区上空锋生函数加强(850 hPa 5→15 K·hPa^{-1}·s^{-3}),促使暴雨区上升运动加强;另外,由于干线北侧干冷空气加速下沉,南侧暖湿气流上升,在低层形成次级环流,其上升支与暴雨区上升气流叠加,进一步加强上升运动。

(2)暴雨发生前 8 h,500 hPa 河南南部地区有一正涡度平流区维持并逐渐向暴雨区上空移动,暴雨区上空正涡度平流加强(-2×10^{-9}→2×10^{-9} s^{-2}),促使保康附近边界层暖切顶部辐合区发展加强(850 hPa 涡度 0→8×10^{-5} s^{-1})并在 925 hPa 形成一气流汇合区(925 hPa 散度 -4×10^{-5} s^{-1})。

(3)暴雨发生前 8 h,位于湖南西北部到鄂东北地区西南低空急流加强(700 hPa 风速 10→12 m/s),急流核北抬至湖南及鄂西南交界处,暴雨区位于急流出口区左侧,有上升运动发展。

(4)暴雨发生前 8 h,暴雨区上空边界层正负温度平流呈偶极分布,随着边界层显著气流发展,冷暖平流中心分别加强(850 hPa 暖平流 0.4×10^{-5}→0.8×10^{-5} ℃/s,冷平流-0.2×10^{-5}→-0.6×10^{-5} ℃/s),在暴雨区上空产生边界层小扰动,暴雨区上空辐合上升运动加强。

(5)暴雨发生前 8 h,保康附近上空有一辐散中心维持(200 hPa 散度 3×10^{-5} s^{-1}),高层存在辐散抽吸作用,配合 200 hPa 次级环流有利于暴雨区上空气流加速流出。

综上所述,本次暴雨是 500 hPa 正涡度平流区加强南压,促使边界层暖切顶部辐合区及气流汇合区发展,湿度锋区加强,锋生次级环流上升支叠加,边界层小扰动触发,以及急流出口区左侧、高层辐散等动力条件共同作用结果。

4. 水汽条件:

(1)暴雨发生前 8 h,自重庆南部边界层有一湿舌向鄂西北伸展,并维持少变(925 hPa

$T_d \geqslant 22℃$）。

（2）暴雨发生前 2 h，在湿舌内有湿平流维持（850 hPa 0.3×10^{-5}℃/s），表明有较强水汽向暴雨区输送。

（3）暴雨发生前 8 h，从重庆南部上空发展起来的水汽通量散度中心区域逐渐向鄂西北伸展（925 hPa -4×10^{-8} g·cm^{-2}·hPa^{-1}·s^{-1}），在暴雨区上空形成较强水汽辐合带。

5. 不稳定条件：

（1）暴雨发生前 8 h，暴雨区上空假相当位温随高度递减（$\Delta\theta_{se(500-850)} \leqslant -8$ K），维持较强对流不稳定；

（2）暴雨发生前 8 h，850 hPa 湿位涡 MPV$_1$ 项负值中心在暴雨区上空加强（$-0.5 \rightarrow -1.5$ PVU），表明边界层湿不稳定能量增长；

（3）暴雨发生前 8 h，K 指数大值区（$\geqslant 41$℃）稳定少动，暴雨区上空不稳定维持。

6. 暴雨落区：

（1）700 hPa 西南急流出口区 50 km 以内；

（2）850 hPa 暖切顶部辐合区中心附近；

（3）925 hPa 气流汇合区中心附近；

（4）850 hPa 干湿冷暖平流零线附近 50 km 以内；

（5）925 hPa 冷暖平流零线靠近冷平流一侧 50 km 以内；

（6）925 hPa 靠近干平流中心 100 km 以内；

（7）水汽通量散度大值区与 K 指数大值区重叠区域。

综上所述，暴雨落区位于低空西南急流出口区左侧，边界层暖切顶部及气流汇合区，干湿冷暖平流零线附近，以及水汽通量散度和 K 指数大值中心重合区域。

二、中尺度天气分析参考值

物理量名称	层次(hPa)	参考值	单位及量级	备注
低空急流	700	$\geqslant 12$	m/s	动力
显著气流	925	$\geqslant 14$	m/s	动力
散度	200	$\geqslant 3$	10^{-5} s^{-1}	动力
涡度	850	$\geqslant 8$	10^{-5} s^{-1}	动力
散度	925	$\leqslant -4$	10^{-5} s^{-1}	动力
位涡高值区	850	$\geqslant 1$	PVU	动力
位涡低值区	200	$\leqslant -0.5$	PVU	动力
涡度平流	500	$\geqslant 2$	10^{-9} s^{-2}	动力
锋生函数	850	$\geqslant 15$	K·hPa^{-1}·s^{-3}	动力
MPV$_2$	500	$\leqslant -1.5$	PVU	动力
冷平流	850	$\leqslant -0.6$	10^{-5}℃/s	动力
暖平流	850	$\geqslant 0.8$	10^{-5}℃/s	动力
干平流	850	$\leqslant -2.0$	10^{-5}℃/s	动力

续表

物理量名称	层次(hPa)	参考值	单位及量级	备注
K 指数	/	$\geqslant 41$	℃	不稳定
$\Delta\theta_{se}$	$500-850$	$\leqslant -8$	K	不稳定
MPV_1	850	$\leqslant -1.5$	PVU	不稳定
湿平流	850	$\geqslant 0.3$	10^{-5}℃/s	水汽
湿舌(区)	925	$\geqslant 22$	℃	水汽
水汽通量散度	925	$\leqslant -4$	10^{-8} g·cm^{-2}·hPa^{-1}·s^{-1}	水汽

三、中尺度天气系统三维结构图

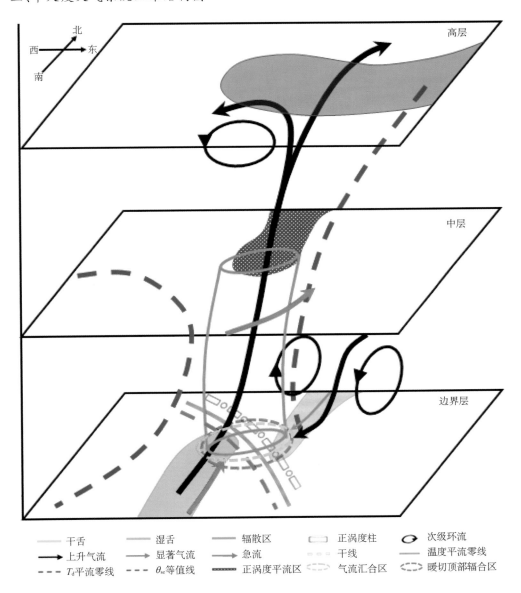

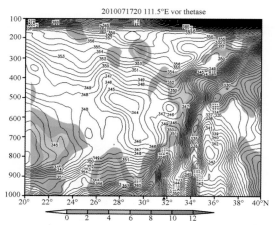

2010 年 7 月 17 日 20 时沿 111.5°E 涡度和假相当位温垂直分布（单位：$10^{-5}\,s^{-1}$，K）

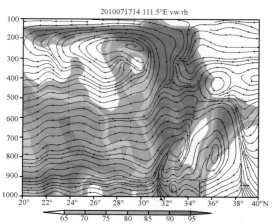

2010 年 7 月 17 日 14 时沿 111.5°E 流场和相对湿度垂直分布（单位：%）

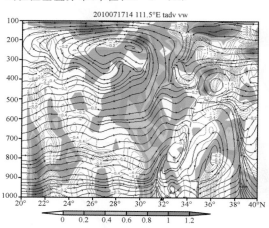

2010 年 7 月 17 日 14 时沿 111.5°E 流场和温度平流垂直分布（单位：$10^{-5}\,℃/s$）

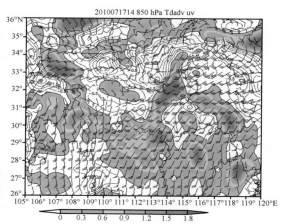

2010 年 7 月 17 日 14 时 850 hPa 干湿平流（单位：$10^{-5}\,℃/s$）

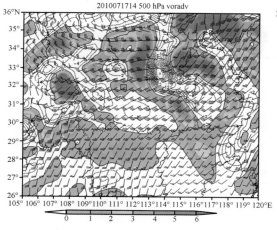

2010 年 7 月 17 日 14 时 500 hPa 涡度平流（单位：$10^{-9}\,s^{-2}$）

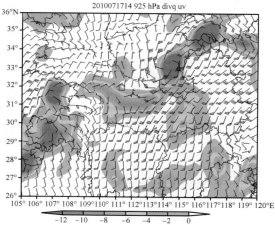

2010 年 7 月 17 日 14 时 925 hPa 水汽通量散度（单位：$10^{-8}\,g \cdot cm^{-2} \cdot hPa^{-1} \cdot s^{-1}$）

2.2.7 2010 年 7 月 20 日(京山)

编号:20100720-2-07

一、中尺度天气条件及暴雨落区

1. 暴雨中心:京山、新洲附近,1 小时最大雨量 61 mm,3 小时累积雨量最大达 76 mm。
2. 主要中尺度天气系统:
(1)850 hPa、925 hPa 干线
(2)500 hPa 正涡度平流区
(3)850 hPa、925 hPa 冷切尾部辐合区
(4)700 hPa、850 hPa、925 hPa 急流
(5)850 hPa、925 hPa 水平风速切变区
(6)300~400 hPa 次级环流
(7)850 hPa、925 hPa 湿舌
(8)925 hPa 干舌
(9)925 hPa 偏北显著气流
(10)地面辐合区
3. 动力条件:
(1)暴雨发生前 8 h,江汉平原北部到安徽北部有一条西南—东北向干线稳定维持(925 hPa 5℃/100 km),干线北侧偏北显著气流加强(925 hPa 风速 2→8 m/s)并穿过干线,将干空气带入与其右侧湿空气交汇,产生局部锋生,对应暴雨区上空锋生函数加强(850 hPa 5→15 K·hPa^{-1}·s^{-3}),促使暴雨区上升运动加强;另外,由于干线北侧干冷空气加速下沉,产生强迫抬升,进一步加强上升运动。

(2)暴雨发生前 2 h,500 hPa 河南南部有一正涡度平流区逐渐向京山上空移动,暴雨区上空正涡度平流加强(1×10^{-9}→5×10^{-9} s^{-2}),促使边界层冷切尾部气旋性环流加强(925 hPa 涡度 4×10^{-5}→8×10^{-5} s^{-1}),有利于暴雨区上空涡度柱发展。

(3)暴雨发生前 8 h,位于湖南北部到鄂东北地区西南低空急流明显加强(700 hPa 风速 10→16 m/s),暴雨区位于急流左侧水平风速切变区,有上升运动发展。

(4)暴雨发生前 2 h,暴雨区上空边界层正负温度平流呈偶极分布,冷暖平流中心稳定少变(925 hPa 暖平流 1.2×10^{-5}℃/s,冷平流 −0.8×10^{-5}℃/s),在暴雨区上空产生边界层小扰动,暴雨区上空辐合上升运动加强。

(5)暴雨发生前 3 h,在地面东北方向、偏东方向和西北方向有三支显著气流在暴雨区汇合,其辐合区加强(散度 −4×10^{-5}→−5×10^{-5} s^{-1}),导致低层扰动加强。

(6)暴雨发生前 2 h,河南南部上空有一辐散中心加强并逐渐向南伸展(200 hPa 散度 4×10^{-5}→5×10^{-5} s^{-1}),高层存在辐散抽吸作用,配合高层次级环流,有利于暴雨区上空气流加速流出。

综上所述,本次暴雨是 500 hPa 正涡度平流区南压,促使边界层冷切尾部气旋性环流加强,湿度锋区加强,急流左侧上升运动加强,边界层小扰动触发,配合地面辐合区及高层辐散等动力条件共同作用结果。

4. 水汽条件：

(1)暴雨发生前 8 h,自湖南北部边界层有一湿舌向鄂东北伸展,并维持少变(925 hPa $T_d \geqslant 22℃$)。

(2)暴雨发生前 2 h,在湿舌内有湿平流维持(925 hPa $0.3 \times 10^{-5}℃/s$),表明有较强水汽向暴雨区输送。

(3)暴雨发生前 8 h,河南南部有一水汽通量散度中心加强南压,暴雨区上空水汽辐合明显加强(925 hPa $-4 \times 10^{-8} \rightarrow -8 \times 10^{-8} g \cdot cm^{-2} \cdot hPa^{-1} \cdot s^{-1}$)。

5. 不稳定条件：

(1)暴雨发生前 8 h,暴雨区上空假相当位温随高度递减($\Delta \theta_{se(500-850)} \leqslant -4 K$),维持较强对流不稳定;

(2)暴雨发生前 8 h,925 hPa 湿位涡 MPV_1 项负值中心在暴雨区上空维持($-0.6 PVU$),表明边界层存在湿不稳定能量;

(3)暴雨发生前 8 h,K 指数大值区($\geqslant 40℃$)自湖南北部向北伸展到鄂东北,暴雨区上空不稳定加强。

6. 暴雨落区：

(1)700 hPa 西南急流左侧 50 km 以内;

(2)850 hPa、925 hPa 冷切尾部辐合区中心附近;

(3)925 hPa 干湿平流零线靠近湿平流一侧 50 km 以内;

(4)925 hPa 冷暖平流零线靠近暖平流一侧 100 km 以内;

(5)地面辐合区中心附近;

(6)水汽通量散度大值区与 K 指数大值区重叠区域。

综上所述,暴雨落区位于低空西南急流左侧,边界层冷切尾部辐合区中心及地面辐合区附近,干湿冷暖平流零线靠近暖湿一侧附近,以及水汽通量散度和 K 指数大值中心重合区域。

二、中尺度天气分析参考值

物理量名称	层次(hPa)	参考值	单位及量级	备注
低空急流	700	$\geqslant 16$	m/s	动力
显著气流	925	$\geqslant 8$	m/s	动力
散度	200	$\geqslant 5$	$10^{-5} s^{-1}$	动力
涡度	925	$\geqslant 8$	$10^{-5} s^{-1}$	动力
散度	925	$\leqslant -4$	$10^{-5} s^{-1}$	动力
位涡高值区	/	/	PVU	动力
位涡低值区	/	/	PVU	动力
涡度平流	500	$\geqslant 5$	$10^{-9} s^{-2}$	动力
锋生函数	850	$\geqslant 15$	$K \cdot hPa^{-1} \cdot s^{-3}$	动力
MPV_2	925	$\leqslant -1.0$	PVU	动力
冷平流	925	$\leqslant -0.8$	$10^{-5}℃/s$	动力
暖平流	925	$\geqslant 1.2$	$10^{-5}℃/s$	动力
干平流	925	$\leqslant -2.0$	$10^{-5}℃/s$	动力

续表

物理量名称	层次(hPa)	参考值	单位及量级	备注
K 指数	/	$\geqslant 40$	℃	不稳定
$\Delta \theta_{se}$	$500-850$	$\leqslant -4$	K	不稳定
MPV_1	925	$\leqslant -0.6$	PVU	不稳定
湿平流	925	$\leqslant 0.3$	10^{-5}℃/s	水汽
湿舌(区)	925	$\geqslant 22$	℃	水汽
水汽通量散度	925	$\leqslant -8$	10^{-8} g · cm^{-2} · hPa^{-1} · s^{-1}	水汽

三、中尺度天气系统三维结构图

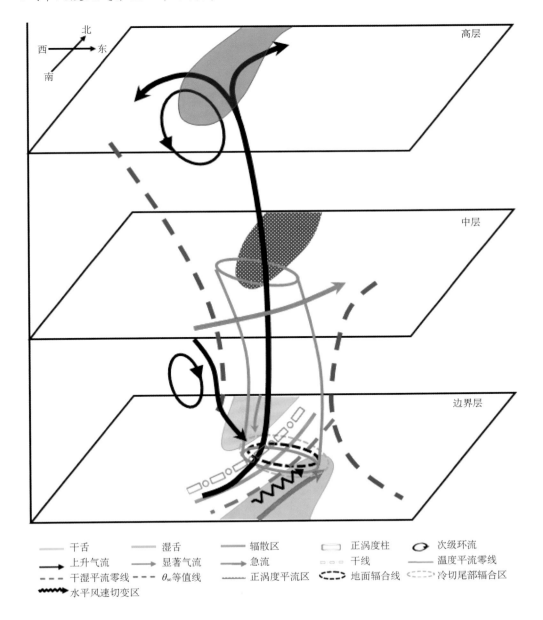

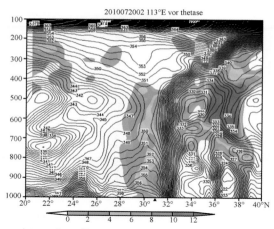

2010 年 7 月 20 日 02 时沿 113°E 涡度和假相当
位温垂直分布(单位:$10^{-5}s^{-1}$,K)

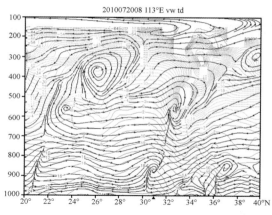

2010 年 7 月 20 日 08 时沿 113°E 流场和露点垂
直分布(单位:℃)

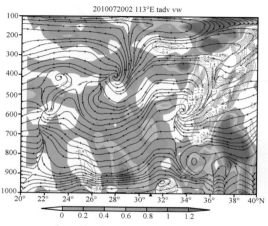

2010 年 7 月 20 日 02 时沿 113°E 流场和温度平
流垂直分布(单位:10^{-5}℃/s)

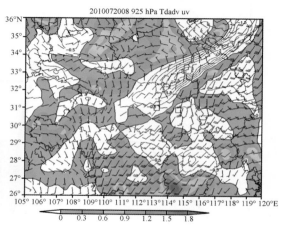

2010 年 7 月 20 日 08 时 925 hPa 干湿平流(单
位:10^{-5}℃/s)

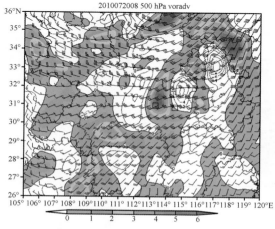

2010 年 7 月 20 日 08 时 500 hPa 涡度平流(单
位:$10^{-9}s^{-2}$)

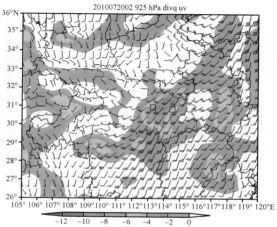

2010 年 7 月 20 日 02 时 925 hPa 水汽通量散度
(单位:$10^{-8}g \cdot cm^{-2} \cdot hPa^{-1} \cdot s^{-1}$)

2.2.8　2011年6月23日(夷陵区)

编号:20110623-2-08

一、中尺度天气条件及暴雨落区

1. 暴雨中心:宜昌夷陵区附近,1小时最大雨量51 mm,3小时累积雨量最大达96 mm。

2. 主要中尺度天气系统:

(1)850 hPa、925 hPa干线

(2)500 hPa正涡度平流区

(3)850 hPa冷切尾部辐合区

(4)700 hPa急流

(5)边界层次级环流

(6)850 hPa、925 hPa湿舌

(7)925 hPa干舌

(8)925 hPa东北显著气流

(9)地面辐合区

3. 动力条件:

(1)暴雨发生前7 h,鄂西北与鄂西南交界处有一条西北—东南向干线(925 hPa 3℃/50 km)稳定少动,干线北侧有东北显著气流穿过干线(925 hPa风速10 m/s),带入干空气与其左侧湿空气交汇,形成局部锋生,其北侧锋生函数加强(850 hPa 10→15 K·hPa^{-1}·s^{-3}),促使暴雨区上升运动加强;另外,由于干线北侧干冷空气加速下沉,南侧暖湿气流上升,在边界层形成次级环流,其上升支与暴雨区上升气流叠加,进一步加强上升运动。

(2)暴雨发生前7 h,500 hPa恩施附近正涡度平流区加强并逐渐向暴雨区上空移动(4×10^{-9}→6×10^{-9} s^{-2}),促使宜昌西北侧的冷切尾部辐合加强(850 hPa散度−4×10^{-5}→−8×10^{-5} s^{-1}),有上升运动发展。

(3)暴雨发生前1 h,鄂东地区有西南低空急流明显加强(700 hPa风速10 m/s),暴雨区位于急流出口区左侧,有上升运动发展。

(4)暴雨发生前7 h,暴雨区上空边界层正负温度平流呈偶极分布,冷暖平流中心稳定少变(925 hPa暖平流0.6×10^{-5}℃/s,冷平流−0.6×10^{-5}℃/s),在暴雨区上空产生边界层小扰动,暴雨区上空辐合上升运动加强。

(5)暴雨发生前1 h,在地面东北方向、西北方向和偏南方向有三支显著气流在宜昌附近汇合,其汇合区明显加强(925 hPa散度−3×10^{-5}→−6×10^{-5} s^{-1}),导致低层扰动加强。

(6)暴雨发生前7 h,宜昌北部上空散度中心加强(200 hPa 0→4×10^{-5} s^{-1}),高层辐散抽吸作用加强,有利于暴雨区上空气流加速流出。

综上所述:本次暴雨是500 hPa正涡度平流区加强东移,促使边界层冷切尾部辐合加强,湿度锋区加强,锋生次级环流上升支叠加,边界层小扰动触发,配合地面气流汇合以及低空急流出口区左侧、高层辐散等动力条件共同作用结果。

4. 水汽条件:

(1)暴雨发生前7 h,在鄂西南边界层有一湿舌向鄂西北伸展,并维持少变(925 hPa

$T_d \geq 22℃$）。

（2）暴雨发生前 7 h，湿舌内有湿平流（925 hPa $0.3 \times 10^{-5}℃/s$）维持，表明有较强水汽向暴雨区上空输送。

（3）暴雨发生前 7 h，宜昌东北部边界层水汽通量散度中心区域（925 hPa $-6 \times 10^{-8} \rightarrow -12 \times 10^{-8} g \cdot cm^{-2} \cdot hPa^{-1} \cdot s^{-1}$）向西南方向移动，在巴东形成较强水汽辐合中心。

5. 不稳定条件：

（1）暴雨发生前 7 h，暴雨区上空假相当位温随高度递减（$\Delta\theta_{se(500-850)} \leq -2$ K），维持较强对流不稳定。

（2）暴雨发生前 7 h，暴雨区上空存在 MPV_1 小于零区域（925 hPa ≤ -1 PVU），表明边界层湿不稳定能量明显加强。

（3）暴雨发生前 7 h，K 指数大值区（$\geq 39℃$）开始向江汉平原南部移动，暴雨区上空不稳定加强。

6. 暴雨落区：

（1）700 hPa 西南急流左侧 200 km 以内；

（2）850 hPa 冷切尾部辐合区中心附近；

（3）地面气流汇合区中心附近；

（4）925 hPa 冷暖平流零线靠近冷平流一侧 100 km 以内；

（5）925 hPa 干湿平流零线 50 km 以内；

（6）水汽通量散度大值中心 50 km 以内与 K 指数大值区重合处。

综上所述，暴雨落区位于边界层冷切尾部辐合区，地面气流汇合区中心，冷暖平流零线靠近冷平流一侧以及干湿平流零线附近，水汽通量散度和 K 指数大值区重合区域。

二、中尺度天气分析参考值

物理量名称	层次(hPa)	参考值	单位及量级	备注
低空急流	700	≥ 10	m/s	动力
显著气流	925	≥ 10	m/s	动力
散度	200	≥ 4	$10^{-5}s^{-1}$	动力
涡度	925	≥ 4	$10^{-5}s^{-1}$	动力
散度	925	≤ -6	$10^{-5}s^{-1}$	动力
位涡高值区	/	/	PVU	动力
位涡低值区	200	≤ -0.1	PVU	动力
涡度平流	500	≥ 6	$10^{-9}s^{-2}$	动力
锋生函数	850	≥ 15	$K \cdot hPa^{-1} \cdot s^{-3}$	动力
MPV_2	850	≤ 0	PVU	动力
冷平流	925	≤ -0.6	$10^{-5}℃/s$	动力
暖平流	925	≥ 0.6	$10^{-5}℃/s$	动力
干平流	925	≤ -2	$10^{-5}℃/s$	动力

续表

物理量名称	层次(hPa)	参考值	单位及量级	备注
K 指数	/	$\geqslant 39$	℃	不稳定
$\Delta\theta_{se}$	$500-850$	$\leqslant -2$	K	不稳定
MPV_1	925	$\leqslant -1$	PVU	不稳定
湿平流	925	$\geqslant 0.3$	10^{-5} ℃/s	水汽
湿舌(区)	925	$\geqslant 22$	℃	水汽
水汽通量散度	925	$\leqslant -12$	10^{-8} g·cm^{-2}·hPa^{-1}·s^{-1}	水汽

三、中尺度天气系统三维结构图

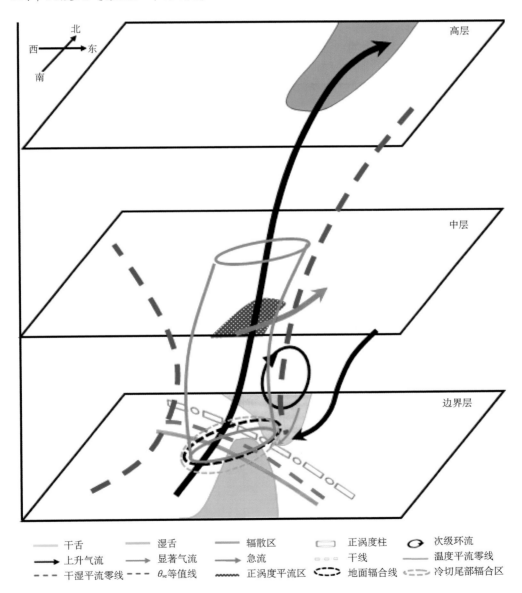

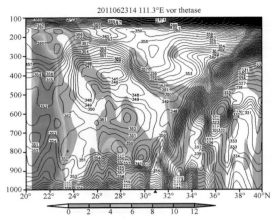

2011 年 6 月 23 日 14 时沿 111.3°E 涡度和假相当位温垂直分布(单位:10^{-5} s^{-1},K)

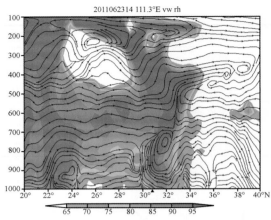

2011 年 6 月 23 日 14 时沿 111.3°E 流场和相对湿度垂直分布(单位:%)

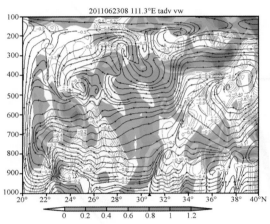

2011 年 6 月 23 日 08 时沿 111.3°E 流场和温度平流垂直分布(单位:10^{-5}℃/s)

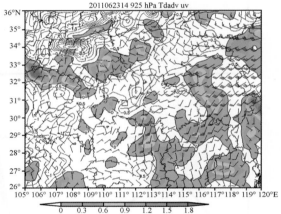

2011 年 6 月 23 日 14 时 925 hPa 干湿平流(单位:10^{-5}℃/s)

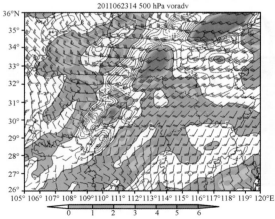

2011 年 6 月 23 日 14 时 500 hPa 涡度平流(单位:10^{-9} s^{-2})

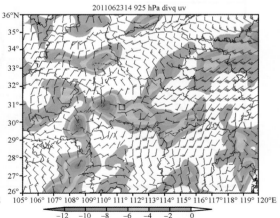

2011 年 6 月 23 日 14 时 925 hPa 水汽通量散度(单位:10^{-8} g・cm^{-2}・hPa^{-1}・s^{-1})

2.2.9　2011 年 8 月 2 日(兴山)

编号:20110802-2-09

一、中尺度天气条件及暴雨落区

1. 暴雨中心:兴山附近,1 小时最大雨量 38 mm,3 小时累积雨量最大达 84 mm。

2. 主要中尺度天气系统:

(1)850 hPa、925 hPa 干线

(2)500 hPa 正涡度平流区

(3)850 hPa、925 hPa 气流汇合区

(4)850~700 hPa 次级环流

(5)200 hPa 次级环流

(6)850 hPa 、925 hPa 湿舌

(7)925 hPa 干舌

(8)700 hPa、850 hPa 西南急流

(9)700 hPa 水平风速切变区

(10)925 hPa 偏北显著气流

(11)地面辐合区

3. 动力条件:

(1)暴雨发生前 8 h,重庆北部至宜昌地区有一条西北—东南向干线(925 hPa 3℃/100 km)稳定少动,干线北侧有偏北显著气流加强(925 hPa 风速 4→6 m/s),带动干空气穿过干线,以干舌形式与其西南侧湿空气交汇,产生局部锋生,暴雨区北侧锋生函数加强(850 hPa 0→10 K·hPa^{-1}·s^{-3});另外,由于干线北侧干冷空气加速下沉,南侧暖湿气流上升,在 850~700 hPa 形成次级环流,其上升支与暴雨区上升气流叠加,进一步加强上升运动。

(2)暴雨发生前 8 h,500 hPa 鄂西北正涡度平流区向兴山南伸加强(0→3×10^{-9}s^{-2}),促使暴雨区上空边界层气流汇合区辐合加强(850 hPa 散度 −4×10^{-5}→−8×10^{-5}s^{-1}),有上升运动发展。

(3)暴雨发生前 8 h,位于重庆南部−随州 700 hPa 西南急流加强(700 hPa 风速 10→16 m/s),急流出口区左侧有上升运动发展,且出现水平风速切变区,气旋性涡度加强(700 hPa 涡度 4×10^{-5}→8×10^{-5}s^{-1})。

(4)暴雨发生前 2 h,暴雨区上空边界层正负温度平流逐渐呈偶极分布,冷暖平流中心稳定少变(850 hPa 暖平流 0.6×10^{-5}℃/s,925 hPa 冷平流 −0.4×10^{-5}℃/s),在暴雨区上空产生边界层小扰动,暴雨区上空辐合上升运动加强。

(5)暴雨发生前 2 h,在地面西南方向、东北方向和偏西方向有三支气流在兴山附近汇合,其辐合明显加强(散度 0→−8×10^{-5}s^{-1})。

(6)暴雨发生前 2 h,暴雨区上空散度中心加强(200 hPa −1×10^{-5}→4×10^{-5}s^{-1}),高层辐散抽吸作用配合高空次级环流,有利于暴雨区上空气流加速流出。

综上所述,本次暴雨是 500 hPa 正涡度平流区加强南伸,促使边界层气流汇合区辐合发展,锋区加强,锋生次级环流上升支叠加,边界层小扰动触发,配合低空急流出口区左侧水平风速切变区,以及地面辐合区、高层辐散等动力条件共同作用结果。

4. 水汽条件：

(1)暴雨发生前 8 h,自重庆南部边界层有一湿舌向兴山附近伸展,并维持少变(925 hPa $T_d \geqslant 20$℃)。

(2)暴雨发生前 8 h,湿舌内有湿平流维持(850 hPa $\geqslant 1 \times 10^{-5}$℃/s),表明暴雨区上空有较强水汽输送。

(3)暴雨发生前 8 h,自重庆南部边界层水汽通量散度中心区域向暴雨区上空移动,兴山附近水汽辐合加强(925 hPa $-4 \times 10^{-8} \rightarrow -6 \times 10^{-8}$ g・cm^{-2}・hPa^{-1}・s^{-1})。

5. 不稳定条件：

(1)暴雨发生前 2 h,暴雨区上空假相当位温转变为随高度递减,对流不稳定加强($\Delta\theta_{se(500-850)} 2 \rightarrow -4$ K)。

(2)暴雨发生前 8 h,暴雨区上空存在 MPV$_1$ 小于零区域(850 hPa$\leqslant -0.5$ PVU),表明边界层湿不稳定能量稳定维持。

(3)暴雨发生前 8 h,K 指数大值区($\geqslant 40$℃)一直维持在鄂西南,暴雨区上空不稳定稳定维持。

6. 暴雨落区：

(1)700 hPa 西南急流出口区左侧 50 km 以内；

(2)850 hPa、925 hPa 气流汇合区中心附近；

(3)地面辐合区附近；

(4)850 hPa 冷暖平流零线附近靠近暖平流一侧 50 km 以内；

(5)850 hPa 干湿平流零线附近靠近湿平流一侧 50 km 以内；

(6)水汽通量散度大值中心与 K 指数大值区重合处。

综上所述,暴雨落区位于西南急流出口区左侧、边界层气流汇合区中心附近、地面辐合区附近,冷暖、干湿平流零线靠近暖湿平流一侧以及水汽通量散度和 K 指数大值中心重合区域。

二、中尺度天气分析参考值

物理量名称	层次(hPa)	参考值	单位及量级	备注
低空急流	700	$\geqslant 16$	m/s	动力
显著气流	925	$\geqslant 6$	m/s	动力
散度	200	$\geqslant 4$	10^{-5} s^{-1}	动力
涡度	850	$\geqslant 4$	10^{-5} s^{-1}	动力
散度	850	$\leqslant -8$	10^{-5} s^{-1}	动力
位涡高值区	/	/	PVU	动力
位涡低值区	/	/	PVU	动力
涡度平流	500	$\geqslant 3$	10^{-9} s^{-2}	动力
锋生函数	850	$\geqslant 10$	K・hPa^{-1}・s^{-3}	动力
MPV$_2$	850	$\leqslant -0.5$	PVU	动力
冷平流	925	$\leqslant -0.4$	10^{-5}℃/s	动力
暖平流	850	$\geqslant 0.6$	10^{-5}℃/s	动力
干平流	925	$\leqslant -0.5$	10^{-5}℃/s	动力

续表

物理量名称	层次(hPa)	参考值	单位及量级	备注
K 指数	/	$\geqslant 40$	℃	不稳定
$\Delta\theta_{se}$	500－850	$\leqslant -4$	K	不稳定
MPV_1	850	$\leqslant -0.5$	PVU	不稳定
湿平流	850	$\geqslant 1$	10^{-5}℃/s	水汽
湿舌(区)	925	$\geqslant 20$	℃	水汽
水汽通量散度	925	$\leqslant -6$	10^{-8}g・cm^{-2}・hPa^{-1}・s^{-1}	水汽

三、中尺度天气系统三维结构图

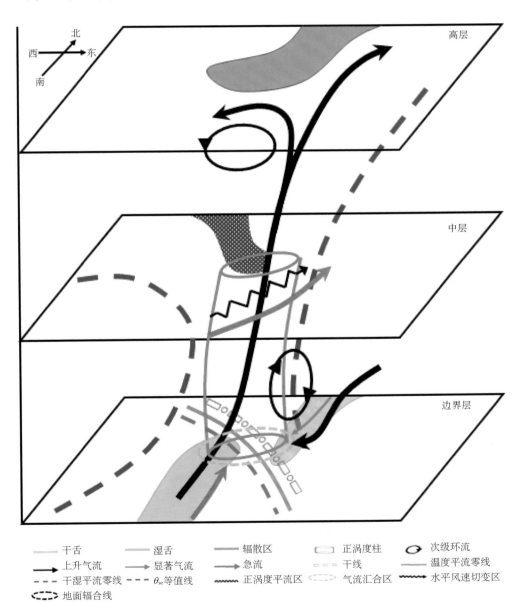

干舌	湿舌	辐散区	正涡度柱	次级环流
上升气流	显著气流	急流	干线	温度平流零线
干湿平流零线	θ_{se}等值线	正涡度平流区	气流汇合区	水平风速切变区
地面辐合线				

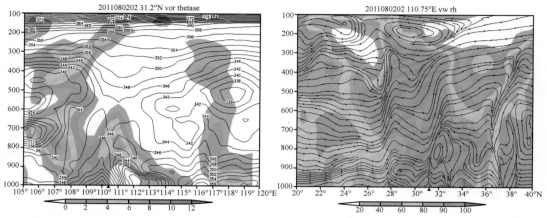

2011 年 8 月 2 日 02 时沿 31.2°N 涡度和假相当位温垂直分布(单位:$10^{-5} s^{-1}$,K)

2011 年 8 月 2 日 02 时沿 110.75°E 流场和相对湿度垂直分布(单位:%)

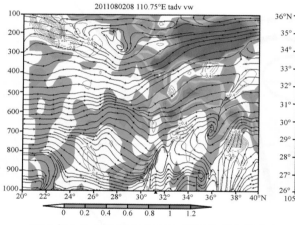

2011 年 8 月 2 日 08 时沿 110.75°E 流场和温度平流垂直分布(单位:$10^{-5} ℃/s$)

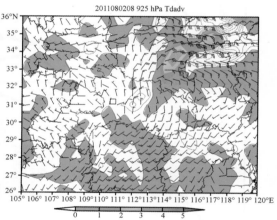

2011 年 8 月 2 日 08 时 925 hPa 干湿平流(单位:$10^{-5} ℃/s$)

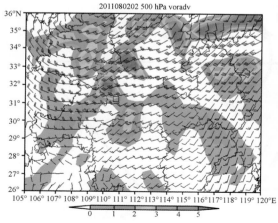

2011 年 8 月 2 日 02 时 500 hPa 涡度平流(单位:$10^{-9} s^{-2}$)

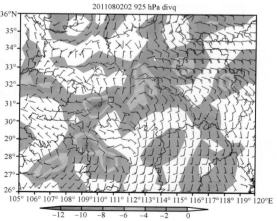

2011 年 8 月 2 日 02 时 925 hPa 水汽通量散度(单位:$10^{-8} g \cdot cm^{-2} \cdot hPa^{-1} \cdot s^{-1}$)

2.2.10　2011 年 8 月 22 日(兴山)

编号:20110822-2-10

一、中尺度天气条件及暴雨落区

1. 暴雨中心:兴山附近,1 小时最大雨量 59 mm,3 小时累积雨量最大达 145 mm。
2. 主要中尺度天气系统:
(1)500 hPa、850 hPa、925 hPa 干线
(2)500 hPa 正涡度平流区
(3)850 hPa、925 hPa 气流汇合区
(4)700 hPa 急流
(5)400～500 hPa 次级环流
(6)850 hPa、925 hPa 湿舌
(7)925 hPa 干舌
(8)925 hPa 偏北显著气流

3. 动力条件:

(1)暴雨发生前 8 h,神农架至江汉平原南部有一条西北—东南向干线(925 hPa 3℃/100 km)稳定少动,河南北部有一干空气堆略有加强(925 hPa T_d 10→9℃),随着边界层偏北显著气流加强并穿过干线(925 hPa 风速 6→10 m/s),干空气堆南侧分裂出一条干舌,与其左侧湿空气交汇,形成局部锋生,对应暴雨区上空锋生函数加强(850 hPa −5→20 K · hPa^{-1} · s^{-3}),促使暴雨区上升运动加强。

(2)暴雨发生前 8 h,500 hPa 重庆附近正涡度平流区加强(3×10^{-9}→$4\times10^{-9}s^{-2}$)并逐渐向暴雨区上空移动,促使兴山附近边界层气流汇合区发展加强(850 hPa 散度 -4×10^{-5}→$-8\times10^{-5}s^{-1}$)。

(3)暴雨发生前 2 h,位于湖南北部到宜昌地区西南急流核(700 hPa 风速 10 m/s)西进至重庆南部到恩施一带,暴雨区位于急流出口区,有上升运动发展。

(4)暴雨发生前 2 h,暴雨区上空边界层正负温度平流逐渐呈偶极分布,暖平流中心加强(850 hPa 暖平流 0.6×10^{-5}→1×10^{-5}℃/s,925 hPa 冷平流-1×10^{-5}℃/s),在暴雨区上空产生边界层小扰动,暴雨区上空辐合上升运动加强。

(5)暴雨发生时,500 hPa 重庆中部到鄂西南有一准东西向干线(16℃/100 km)出现,干线南侧为副高外围下沉气流,北侧气流上升,在 500 hPa 附近形成次级环流,其上升支与暴雨区上升气流叠加,进一步加强上升运动。

(6)暴雨发生前 8 h,重庆上空散度中心加强东移至兴山附近(200 hPa 2×10^{-5}→$6\times10^{-5}s^{-1}$),高层辐散抽吸作用加强。

综上所述,本次暴雨是 500 hPa 正涡度平流区加强东移,促使边界层气流汇合区发展,湿度锋区加强,500 hPa 暖干引发次级环流上升支叠加,边界层小扰动触发,配合急流出口区以及高层辐散等动力条件共同作用结果。

4. 水汽条件:

(1)暴雨发生前 2 h,自重庆南部边界层有一湿舌向鄂西南伸展,并维持少变(925 hPa

$T_d \geqslant 20℃$）。

（2）暴雨发生前 8 h,在湿舌内有湿平流维持（850 hPa 0.3×10^{-5} ℃/s）,表明有较强水汽向暴雨区输送。

（3）暴雨发生前 8 h,重庆南部边界层水汽通量散度中心区域（850 hPa $-2 \times 10^{-8} \to -6 \times 10^{-8}$ g·cm^{-2}·hPa^{-1}·s^{-1}）北抬加强,在重庆到兴山附近形成较强水汽辐合带。

5. 不稳定条件：

（1）暴雨发生前 8 h,暴雨区上空假相当位温随高度递减（$\Delta\theta_{se(500-850)} \leqslant -6$ K）,维持较强对流不稳定;

（2）暴雨发生前 8 h,在 925 hPa 有湿位涡 MPV$_1$ 项负值中心（$\leqslant -0.6$ PVU）与暴雨区配合,表明边界层储备了较强的湿不稳定能量;

（3）暴雨发生前 8 h,重庆上空 K 指数大值区（$\geqslant 40$℃）逐渐向鄂西南移动,暴雨区上空不稳定加强。

6. 暴雨落区：

（1）700 hPa 西南急流出口区 100 km 以内;

（2）850 hPa、925 hPa 气流汇合区中心附近;

（3）850 hPa 干湿平流零线附近 50 km 以内;

（4）850 hPa 冷暖平流零线附近 50 km 以内;

（5）水汽通量散度大值区与 K 指数大值区重叠区域。

综上所述,暴雨落区位于低空西南急流出口区,边界层气流汇合区中心附近,干湿冷暖平流零线附近,以及水汽通量散度和 K 指数大值中心重合区域。

二、中尺度天气分析参考值

物理量名称	层次(hPa)	参考值	单位及量级	备注
低空急流	700	$\geqslant 10$	m/s	动力
显著气流	925	$\geqslant 10$	m/s	动力
散度	200	$\geqslant 6$	10^{-5} s^{-1}	动力
涡度	850	/	10^{-5} s^{-1}	动力
散度	850	$\leqslant -8$	10^{-5} s^{-1}	动力
位涡高值区	/	/	PVU	动力
位涡低值区	300	$\leqslant -0.3$	PVU	动力
涡度平流	500	$\geqslant 4$	10^{-9} s^{-2}	动力
锋生函数	850	$\geqslant 20$	K·hPa^{-1}·s^{-3}	动力
MPV$_2$	500	$\leqslant -1.0$	PVU	动力
冷平流	925	$\leqslant -1$	10^{-5} ℃/s	动力
暖平流	850	$\geqslant 1$	10^{-5} ℃/s	动力
干平流	850	$\leqslant -1.5$	10^{-5} ℃/s	动力

续表

物理量名称	层次(hPa)	参考值	单位及量级	备注
K 指数	/	$\geqslant 40$	℃	不稳定
$\Delta\theta_{se}$	$500-850$	$\leqslant -6$	K	不稳定
MPV_1	850	$\leqslant -0.6$	PVU	不稳定
湿平流	850	$\geqslant 0.3$	10^{-5}℃/s	水汽
湿舌(区)	925	$\geqslant 20$	℃	水汽
水汽通量散度	850	$\leqslant -6$	10^{-8}g·cm^{-2}·hPa^{-1}·s^{-1}	水汽

三、中尺度天气系统三维结构图

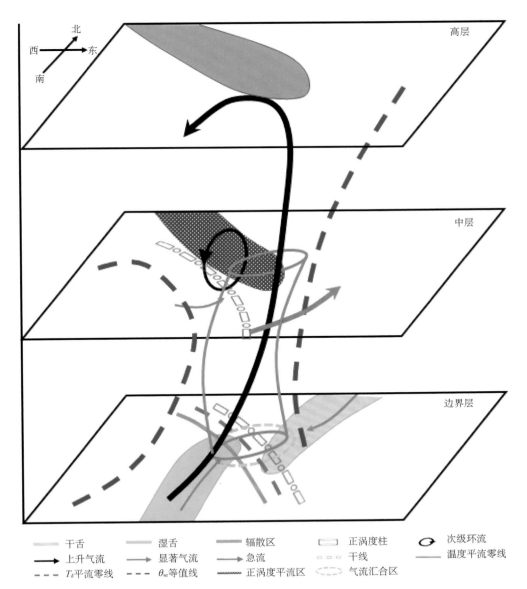

干舌　　　　湿舌　　　　辐散区　　　　正涡度柱　　　　次级环流
上升气流　　显著气流　　急流　　　　　干线　　　　　　温度平流零线
T_d平流零线　θ_{se}等值线　　正涡度平流区　　气流汇合区

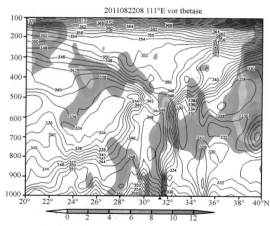

2011 年 8 月 22 日 08 时沿 111°E 涡度和假相当位温垂直分布（单位：$10^{-5}\,s^{-1}$，K）

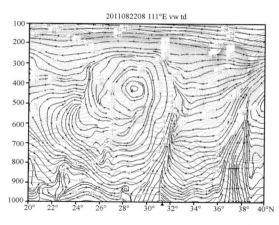

2011 年 8 月 22 日 08 时沿 111°E 流场和露点垂直分布（单位：℃）

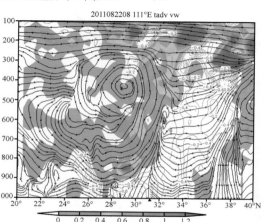

2011 年 8 月 22 日 08 时沿 111°E 流场和温度（单位：10^{-5} ℃/s）

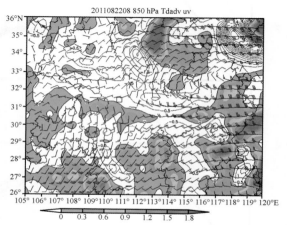

2011 年 8 月 22 日 08 时 850 hPa 干湿平流平流垂直分布（单位：10^{-5} ℃/s）

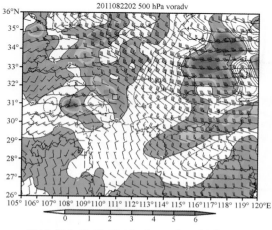

2011 年 8 月 22 日 02 时 500 hPa 涡度平流（单位：$10^{-9}\,s^{-2}$）

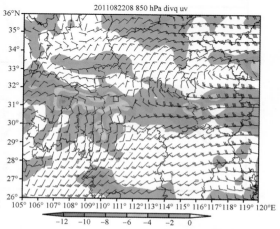

2011 年 8 月 22 日 08 时 850 hPa 水汽通量散度（单位：$10^{-8}\,g\cdot cm^{-2}\cdot hPa^{-1}\cdot s^{-1}$）

第三章　干锋生型中尺度暴雨分析

3.1　干锋生中尺度暴雨合成分析

3.1.1　降水特征

通过湖北 2008—2011 年 10 个干锋生型中尺度暴雨个例的降水特征分析表明,该型中尺度暴雨为典型的持续性降水,降水范围大,24 小时暴雨范围大多为 50000～60000 km²,最大面积达 80000～90000 km² 占湖北省面积的一半;降水强度稳定,1 小时雨量一般为 10～30 mm,最大雨量 35～45 mm,个别站点达到 65 mm;降水持续时间长,降水过程持续时间(指 10 mm/h 以上降水维持时间)一般 10～15 h,最长可达 19 h。对单点而言,有半数 20 mm/h 以上降水持续时间为 4～5 h。总体来说,干锋生型中尺度暴雨为大片层状云降水中混合着对流性降水,持续时间长,降水范围大,强度稳定。具体数据如表 3.1 所示。

表 3.1　干锋生型中尺度暴雨 10 个个例降水特征统计

过程时间	暴雨中心	单站≥20 mm·h⁻¹ 降水持续时间(h)	≥10 mm/h 过程持续时间(h)	1 小时最大雨量(mm)	3 小时最大雨量(mm)
20080722	襄阳	5	17	43	111
20080815	石首	4	12	43	101
20080816	应城	1	10	45	58
20080828	钟祥	1	15	38	69
20080829	孝昌	5	10	37	102
20090629	鹤峰	2	15	54	104
20100710	孝感	1	10	30	50
20100721	天门	2	10	35	62
20110614	咸宁	4	19	35	77
20110618	潜江	5	13	65	144

3.1.2　大尺度环流背景

从大尺度环流背景场合成图上看到:在暴雨发生前,对流层中层 500 hPa(图 3.1),暴雨区东北方向 20 个经纬度附近有高空冷涡维持,其底部低槽南插到暴雨区北侧,冷空气随槽后西北气流不断扩散南下,并在暴雨区东北部堆积;暴雨区西部,有短波槽缓慢东移;低纬地区,西太平洋副热带高压西伸加强,并呈带状分布在暴雨区以南,副热带高压脊线在暴雨区南部 5 个纬距左右;东北冷槽西侧的西北气流和副热带高压西侧及西南短波槽前的西南气流有利于冷暖空气在暴雨区交汇。

对流层高层,暴雨区北侧偏西急流与南亚高压脊线北侧的西北气流在暴雨区附近形成明显的分流辐散区。低层,西南急流加强向东北伸展,与北侧冷高压底部的偏东气流形成一条暖式切变线,辐合明显。高层辐散、低层辐合的有利配置为暴雨区中尺度对流系统发生发展提供了有利的动力和热力条件。

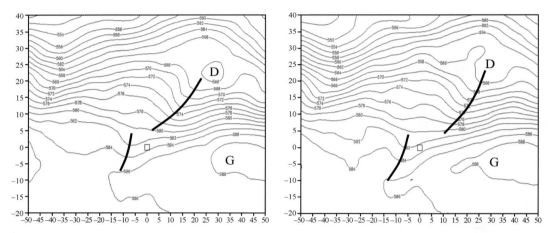

图 3.1　500 hPa 高度场(单位:dagpm;黑色小方框为暴雨区,下同;黑色粗实线为槽线)
(a)暴雨发生前 12 h,(b)暴雨发生时

3.1.3　中尺度分析

3.1.3.1　动力条件

(1)锋生

暴雨发生前,暴雨区北方高压底部偏东气流逐渐加强,干冷空气随着偏东气流向西、向南输送,同时南方有西南急流发展加强,暖湿空气随着西南急流向东北输送。北方干冷空气和南方暖湿空气在暴雨区北侧对峙,在低层形成一条准东西向的干线(即露点锋)(图 3.2a、b),干线随着高度降低向南倾斜,暴雨区位于边界层干线南侧,随着干冷空气和暖湿空气的加强,T_d等值线变密,露点锋产生锋生,上升运动加强,暴雨发生发展。

在以 T_d 作为锋生参数计算的锋生函数合成图(图 3.2c、d)上分析得到,暴雨发生前 12 h,在中低层干线附近锋生函数(以下用 F 表示)大于零,即锋生;此后,F 逐渐增大,表明露点锋锋生加强,暴雨发生时 850 hPa $F \geqslant 15$ K·hPa^{-1}·s^{-3},暴雨发生后 F 迅速减小($\leqslant 6$ K·hPa^{-1}·s^{-3})。湿度、温度平流变化也清楚地反映出低层锋生现象。

850 hPa T_d 平流合成图上(图 3.3 a、b),暴雨发生前 12 h,在暴雨区 50 km 以北有小于 -0.4×10^{-5}℃/s 干平流中心,暴雨区附近有大于 0.5×10^{-5}℃/s 湿平流区中心,干湿气团之间形成露点锋区。此后干湿平流逐渐加强形成露点锋锋生,到暴雨发生前 6 h,干平流中心增至-1.2×10^{-5}℃/s,湿平流中心增至0.6×10^{-5}℃/s以上。剖面合成图上(图略)可以看出,露点锋区主要出现在对流层中下层,高度越低,锋区越向南倾斜,暴雨区位于边界层锋区附近靠近湿平流一侧。

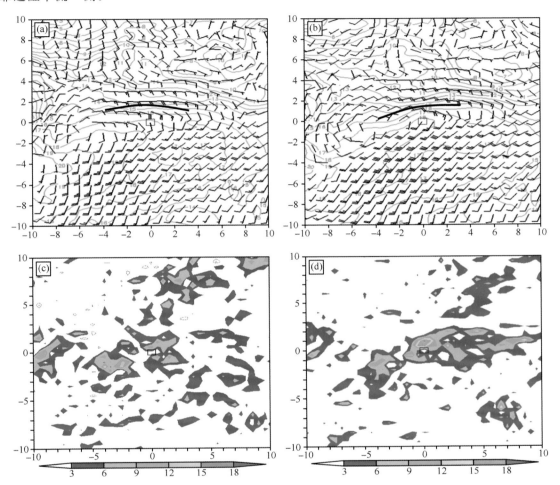

图3.2　暴雨发生前12 h(a)和暴雨发生时(b)850 hPa露点温度与风场合成分析图(单位:℃)以及暴雨发生前12 h(c)和暴雨发生时(d)锋生函数分布图(单位:K·hPa^{-1}·s^{-3})

(黑色粗实线为干线)

温度锋区主要出现在850 hPa以下,边界层锋区两侧冷暖平流显著加强,温度缝锋生明显。从925 hPa温度平流合成图(图3.3 c、d)上可见,暴雨发生前12 h,暴雨区北侧有冷平流,暴雨区附近为暖平流区。此后,冷平流加强向西南输送,暖平流增强向东北移动,加强中的冷暖平流在暴雨区附近形成温度锋锋生,大气斜压性增强,导致垂直上升运动发展加强。

随着低层锋区加强,锋生强迫导致锋面次级环流。从暴雨区$V\text{-}W$流场和T_d垂直经向剖面合成图(图3.4a、b)上分析发现,暴雨发生前12 h到暴雨发生期间,暴雨区位于锋前T_d大值区,这是由于西南暖湿气流到达该区后沿锋面向北倾斜上升,到对流层中层随着干冷空气下沉往南返回,形成跨锋面的次级正环流(热力直接环流)。对流层高层,暴雨区北侧偏西急流与南亚高压脊线北侧的西北气流在暴雨区形成明显的分流辐散区,向南辐散的上升气流至南亚高压中心以南辐合下沉,在对流层中层随着槽前西南气流上升,形成次级反环流(热力间接环流)。两支次级环流的上升支在暴雨区上空叠加,形成深厚的上升运动区,触发位势不稳定能量的释放,产生强烈的上升运动,垂直速度由 $\omega \leqslant -0.2\ \mathrm{Pa} \cdot \mathrm{s}^{-1}$ 增强到 $\omega \leqslant -0.8\ \mathrm{Pa} \cdot \mathrm{s}^{-1}$ (图 3.4c、d)。这两支次级环流的相互作用一方面加强了对流层高层的辐散,另一方面加强了锋后低层干冷空气的传输,增强锋区的不稳定结构,为暴雨的发生发展提供了有利的上升动力作用。

图 3.3　暴雨发生前 12 h(a)和暴雨发生时(b)850 hPa 风场和露点平流(单位：$10^{-5}\,℃/\mathrm{s}$)以及暴雨发生前 12 h(c)和暴雨发生时(d)925 hPa 风场和温度平流(单位：$10^{-5}\,℃/\mathrm{s}$)

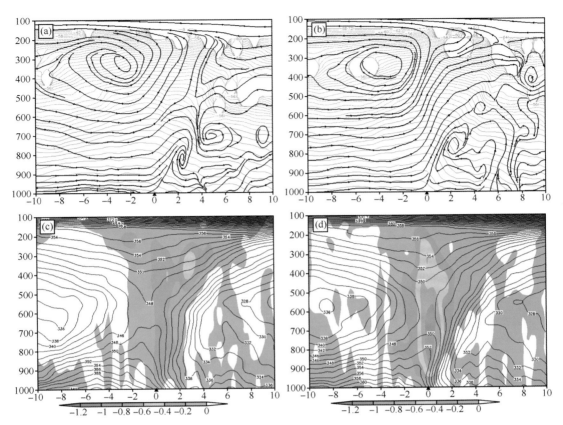

图 3.4　暴雨发生前 12 h(a)和暴雨发生时(b)露点(单位:℃)和 V-W 流场剖面图以及
暴雨发生前 12 h(c)和暴雨发生时(d)假相当位温(单位:K)和垂直速度(单位:Pa·s^{-1})剖面图

由以上分析可知,暴雨主要发生在干线南侧暖湿上升气流区,低层锋面的次级正环流与高层次级反环流的上升支在暴雨区上空叠加,形成深厚的上升运动区,触发位势不稳定能量的释放;随着锋区的加强,低层次级环流加强,上升运动明显加强,促使暴雨发生发展。

(2)涡度平流

500 hPa 槽前正涡度平流输送是形成低层气旋性涡度发展的必要条件之一,正涡度平流使暴雨区上空气旋性涡度增加,流场与气压场不适应,在地转偏向力作用下伴随水平辐散引起低层质量减少而降压,在气压梯度力的作用下而产生水平辐合,使低层气旋性涡度增加。高层辐散、低层辐合有利于上升运动发展加强。通过暴雨发生前涡度平流合成图分析(图 3.5a),500 hPa 槽前(暴雨区西侧)有正涡度平流向暴雨区输送,使得低层气压降低,正涡度加大,辐合加强。

图 3.5b 为 500 hPa 与 850 hPa 的涡度平流差值(即差动涡度平流)合成图,在暴雨发生前 12 h,暴雨区西南侧有大于 3×10^{-9} s^{-2} 差动涡度平流中心,并向东北移至暴雨区上空;暴雨发生时,暴雨区上空维持正的差动涡度平流中心,差动涡度平流破坏了该处的准地转平衡,动力强迫作用导致垂直上升运动发展。

(3)涌线

在西南气流的输送带中,由风速分布不均匀产生了中尺度辐合、辐散运动,沿着西南急流输送路径,还可以明显地分析出正涡度输送过程,这导致了中尺度涡旋的发展。暴雨发生前,在暴雨区西南部有西南气流发展加强,700~850 hPa 之间风速由 $10\ \mathrm{m\cdot s^{-1}}$ 增加到 $14\ \mathrm{m\cdot s^{-1}}$,暴雨区位于西南急流大风核出口区的风速辐合明显区域(即涌线)。700 hPa 涡度平流合成图上(图 3.6a),在涌线南侧有正涡度平流随着西南气流东移北上至暴雨区,使暴雨区上空正涡度加大,气旋性涡旋发展。对应散度合成图上(图 3.6b),在涌线附近为散度小于零的辐合区,有明显质量辐合或强上升运动,利于对流的发展。

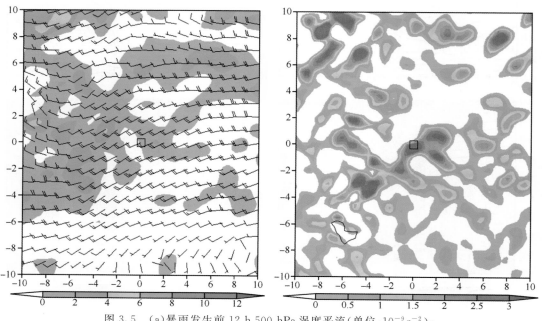

图 3.5　(a)暴雨发生前 12 h 500 hPa 涡度平流(单位:$10^{-9}\mathrm{s^{-2}}$);
(b)500 hPa 与 850 hPa 差动涡度平流(单位:$10^{-9}\mathrm{s^{-2}}$)

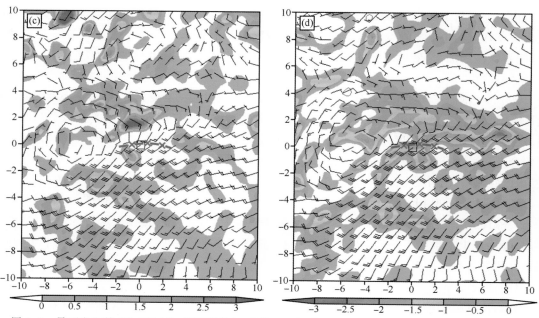

图 3.6　暴雨发生前 6 h 700 hPa 涡度平流(a,单位:$10^{-9}\mathrm{s^{-2}}$)及散度(b,单位:$10^{-5}\mathrm{s^{-1}}$)(蓝线为涌线)

（4）倾斜涡度

吴国雄等从完整的原始方程出发,在导出精确形式的湿位涡方程的基础上,证得绝热无摩擦的饱和湿空气具有湿位涡守恒的特性。在湿位涡守恒的制约下,无论大气是湿对称稳定,还是湿对称不稳定;是对流稳定,还是对流不稳定,由于 θ_{se} 面的倾斜,大气水平风垂直切变或湿斜压性的增加能够导致垂直涡度的显著发展。湿等熵面 θ_{se} 的倾斜越大,这种由干湿斜压性加强所引起的涡旋发展更激烈。

干锋生型中尺度暴雨,其涡度和 θ_{se} 锋面具有以上特点,符合上述倾斜涡度发展理论。从涡度和 θ_{se} 沿暴雨区的经向剖面合成分析图上看出(图 3.7a、b),暴雨发生前 12 h,600 hPa 以下暴雨区北侧有陡直的 θ_{se} 锋区,暴雨区中低层有大于 $6\times10^{-5}\,\mathrm{s}^{-1}$ 的正涡度中心;暴雨发生时,θ_{se} 锋区变得倾斜,低层垂直涡度显著发展,正涡度中心大于 $12\times10^{-5}\,\mathrm{s}^{-1}$,涡度增长一倍左右。

低层中尺度低涡的发生发展是上述特征的最好证明。暴雨发生前 12 h,暴雨区位于低层暖式切变线附近,随着低层气旋性涡度增加,自下而上形成中尺度低涡,而中尺度低涡中心及移向右前方强烈辐合导致暴雨发生。暴雨主要发生在 925 hPa 中尺度低涡中心附近(图 3.7c、d)。

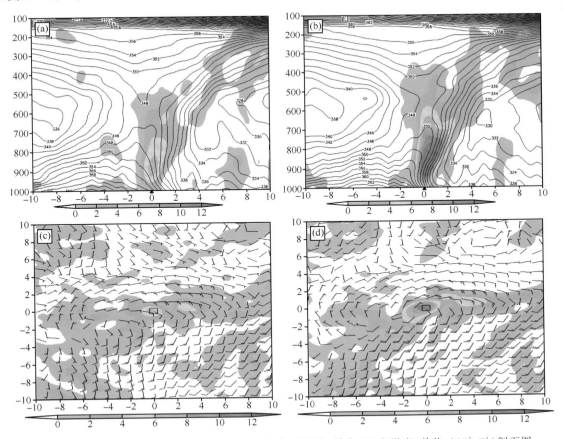

图 3.7　暴雨发生前 12 h(a)和暴雨发生时(b)假相当位温(单位:K)和涡度(单位:$10^{-5}\,\mathrm{s}^{-1}$)剖面图;
以及暴雨发生前 12 h(c)和暴雨发生时(d)925 hPa 风场和涡度(单位:$10^{-5}\,\mathrm{s}^{-1}$)

（5）干舌与湿舌

干舌和湿舌是导致暴雨发生的主要中尺度系统之一。10 个个例中 5 个有干舌，5 个为干区，都有湿舌相伴。850 hPa 层次上有 3 例湿舌 $T_d \geqslant 17 \ ℃$，5 例湿舌 $T_d \geqslant 18 \ ℃$，2 例湿舌 $T_d \geqslant 19 \ ℃$。合成图上（图 3.8），暴雨发生前 12 h，$T_d \geqslant 18 \ ℃$ 湿舌随西南急流向东北伸展至暴雨区上空，暴雨区位于湿舌顶端；北侧 $T_d \leqslant 12 \ ℃$ 干舌随偏东气流向西南伸展，在暴雨区附近与湿舌交汇对峙，产生扰动，形成了局部锋生，促使上升运动发展加强。

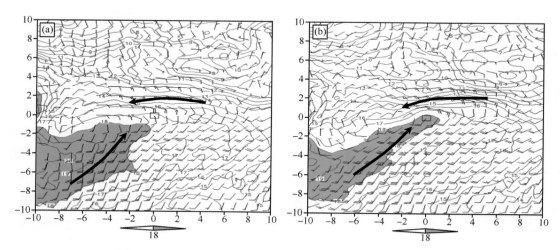

图 3.8　850 hPa 露点与风场合成分析图（单位：℃；黑色箭头表示西南急流和偏东气流）
（a）暴雨发生前 12 h，（b）暴雨发生时

（6）地面辐合线（区）

地面辐合线上的扰动对于中尺度系统的触发和维持有重要的作用。所选 10 例中尺度暴雨中有 7 例出现了地面辐合线（辐合区）。结合雷达回波演变分析，当降水回波随引导气流移动进入地面气流汇合区时，特别是干冷气流和暖湿气流汇合的区域，回波发展明显加强，导致强降水发生。

3.1.3.2　水汽条件

T_d 和 T_d 平流不仅能表示中尺度暴雨动力特征，也能表征水汽特征。暴雨发生前 12 h 到暴雨发生期间，暴雨区及其以南区域，在西南急流的作用下，低层为明显的高湿区。暴雨区位于 850 hPa $T_d \geqslant 18 \ ℃$ 的湿舌前端（图 3.8），其附近为 T_d 平流正的大值区，表明湿平流明显。随着西南急流发展，湿平流也加强，850 hPa T_d 平流由 $\geqslant 0.2 \times 10^{-5} \ ℃/s$ 增大到 $\geqslant 0.6 \times 10^{-5} \ ℃/s$（图 3.4a、b），说明有充足的水汽向暴雨区输送。

从水汽通量散度场合成分析（图 3.9）来看，850 hPa 以下，暴雨区西南部有水汽通量辐合中心向暴雨区移动。暴雨发生期间，暴雨区位于水汽通量辐合中心附近，最大的辐合区位于 $925 \sim 975$ hPa 之间，水汽通量散度 $\leqslant -12 \times 10^{-8} \ g \cdot cm^{-2} \cdot hPa^{-1} \cdot s^{-1}$，表明水汽辐合明显。

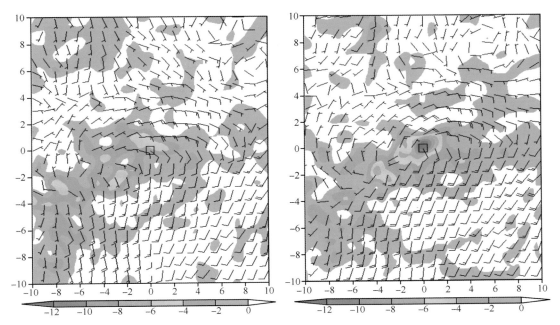

图 3.9　925 hPa 风场和水汽通量散度(单位:10^{-8} g・cm^{-2}・hPa^{-1}・s^{-1})

(a)暴雨发生前 12 h,(b)暴雨发生时

3.1.3.3　不稳定条件

干锋生中尺度暴雨发生前到发生时,对流不稳定层结并不明显,暴雨区上空 $\Delta\theta_{se(500-850)}$ 在 -4 至 -2 K 之间,但反映中低层稳定度和湿度条件的综合指标 K 指数大于 38 ℃。

θ_{se} 的经向剖面图上,暴雨区及其以南上空 700 hPa 以下为 θ_{se} 高值区,即高能区,中层 500~700 hPa 之间为 θ_{se} 低值区,不稳定层结主要在对流层中层,因此在一定动力作用才能触发不稳定能量的释放。

3.1.4　暴雨落区

(1)850 hPa、925 hPa 干线南侧 100 km 以内。

(2)700 hPa 涌线以南 50 km 以内。

(3)925 hPa 中尺度低涡中心附近。

(4)地面辐合线或气流汇合区中心附近。

(5)925 hPa 干湿、冷暖平流零线附近靠近暖湿平流一侧 50 km 以内。

(6)850 hPa $T_d \geqslant 18$ ℃的湿舌顶端。

(7)925 hPa 水汽通量散度大值中心($\leqslant -12\times10^{-8}$ g・cm^{-2}・hPa^{-1}・s^{-1})与 K 指数 $\geqslant 38$ ℃大值区重叠区域。

此外,当 K 指数 $\geqslant 39$ ℃,925 hPa 涡度 $\geqslant 20\times10^{-5}$ s^{-1} 时,则可能出现 3 小时 $\geqslant 100$ mm 降水。

综上所述,暴雨落区位于边界层干线南侧、西南急流出口区左侧,中尺度低涡附近,地面气流汇合区中心,干湿、冷暖平流零线靠近暖湿平流一侧,湿舌顶端,水汽通量散度和 K 指数大值中心等重合区域。

3.1.5　中尺度天气分析思路

基于以上分析,总结得出湖北省干锋生型中尺度暴雨天气分析思路主要是:

(1)关注大尺度背景场。尤其要关注东北低涡、低槽和副热带高压的动态演变,东北低涡带动偏北气流南下,与副热带高压西侧槽前西南气流在暴雨区交汇对峙,产生干锋生型中尺度暴雨。

(2)关注涡度平流、湿度平流以及温度平流基本预报因子。涡度平流的变化导致大气产生垂直运动,低层温度平流加强,产生温度锋锋生,导致上升运动加强,湿度平流则为暴雨发生输送充足水汽。

(3)关注干线的活动,尤其注意 850 hPa 以下干线的强度、移速以及空间配置。干线两侧的干冷、暖湿空气交汇,引起露点锋锋生,加剧上升运动。

(4)关注边界层辐合线(区)分析。重点关注地面辐合线(区)、中尺度低涡等关键系统,这里往往是辐合最为强烈的区域。

(5)关注低层锋生次级环流的产生和加强。低层锋生强迫产生次级正环流,其上升支与高层次级反环流的上升支在暴雨区上空叠加,形成深厚的上升运动区,触发位势不稳定能量的释放,有利于暴雨发生发展。

(6)关注显著流线。偏东显著流线携带的干空气与偏南显著流线携带的湿空气形成交汇,产生锋生扰动。

(7)关注 850 hPa $T_d \geqslant 18$ ℃湿舌、850 hPa 湿平流中心以及 925 hPa 水汽通量散度负值中心。这些水汽条件重叠区域是暴雨最可能发生区域。

(8)关注 K 指数 $\geqslant 38$ ℃的区域和 $\theta_{se(500-850)}$ 低值区,这里不稳定能量充足。

3.1.6　结论

通过对 10 个干锋生型中尺度暴雨个例资料的合成分析,得出以下主要结论:

(1)干锋生型中尺度暴雨为大片层状云降水中混合着对流性降水,持续时间长,降雨强度稳定。

(2)暴雨主要发生在干线(露点锋)南侧暖湿上升气流区,低层锋面的次级正环流与高层次级反环流的上升支在暴雨区上空叠加,形成深厚的上升运动区,触发位势不稳定能量的释放。随着锋区的加强,低层次级环流加强,上升运动明显加强,促使暴雨发生发展。

(3)随着西南急流向东北伸展形成的湿舌,与北方随偏东气流向西南输送形成的干舌,在暴雨区附近交汇对峙,形成锋生,产生扰动,使上升运动发展加强。锋生函数、湿度平流和温度平流的发展变化可以很好地反映锋生过程。

(4)在对流层中层西风槽槽前正涡度平流、中低层西南急流风速辐合引起低层气旋性涡度发展,以及等 θ_{se} 面的倾斜导致倾斜涡度发展等共同作用下,中尺度低涡发生发展,在其中心及移向的右前方动力水汽强烈辐合导致暴雨发生。

3.2　干锋生中尺度暴雨典型个例诊断分析

3.2.1　2008 年 7 月 22 日(襄阳)

编号:20080722-3-01

一、中尺度天气条件及暴雨落区

1. 暴雨中心:襄阳附近,1 小时最大雨量 43 mm,3 小时最大雨量 111 mm。

2. 主要中尺度天气系统:

(1)850 hPa、925 hPa 干线

(2)500 hPa 正涡度平流区

(3)850 hPa、925 hPa 暖切顶部

(4)700 hPa、850 hPa、925 hPa 西南急流

(5)中低层次级环流

(6)850 hPa、925 hPa 湿舌

(7)850 hPa、925 hPa 干舌

(8)925 hPa 东北显著气流

(9)地面气流辐合区

3. 动力条件:

(1)暴雨发生前 6 h,河南南部至鄂西北北部有一条东西向干线(925 hPa 4℃/100 km)稳定维持,北侧冷高压发展加强,其底部东北显著气流发展,干空气以干舌形式与其前部湿空气对峙,形成锋生,对应暴雨区左侧锋生函数加强(925 hPa 0→5 K·hPa^{-1}·s^{-3}),促使暴雨区上升运动加强;另外,由于干线北侧干冷空气加速下沉,南侧暖湿气流上升,在中低层形成次级环流,其上升支与高层次级反环流的上升支在暴雨区上空叠加,形成深厚的上升运动区,触发位势不稳定能量的释放,产生强烈的上升运动。

(2)暴雨发生前 6 h,500 hPa 位于鄂西南的正涡度平流区加强(8×10^{-5}→10×10^{-9} s^{-2})并逐渐向暴雨区上空移动,促使鄂西北边界层暖式切变加强(850 hPa 涡度 18×10^{-5}→22×10^{-5} s^{-1}),形成一条东北—西南向的辐合带,暴雨区位于 850 hPa 暖切顶部强辐合处。

(3)暴雨发生前 6 h,位于江汉平原的边界层西南急流随着低涡的东移和暖性切变的加强而增强(925 hPa 风速 6→16 m/s)并北抬至鄂西北东部,急流出口区左侧辐合加强,促使上升运动发展。结合云图可以看出,暴雨发生前 2 h,中尺度云团不断从鄂西南低涡云团中分裂出来,并沿 850 hPa 暖切向鄂东北方向移动;雷达回波演变反映出降水回波在移至襄阳地区附近后加强并维持。

(4)暴雨发生 6 h,暴雨区 850 hPa 暖平流明显加强(0.5×10^{-5}→2.5×10^{-5}℃/s),北侧冷平流也加强,大气斜压性增强,对应暴雨区上空的 θ_{se} 锋面倾斜,倾斜正涡度柱发展,暴雨区上空辐合上升运动加强。

(5)暴雨发生前 2 h,在地面东北方向、西北方向和偏南方向有三支显著气流在襄阳地区汇合,辐合明显加强(地面散度-5.4×10^{-5}→-7.4×10^{-5} s^{-1}),导致低层扰动加强。

(6)暴雨发生前 6 h,十堰地区上空散度中心东移至襄阳地区附近,暴雨区上空散度进一

步增强（200 hPa 散度 $5\times10^{-5}\rightarrow9\times10^{-5}\,\mathrm{s}^{-1}$），高层辐散抽吸作用加强。

综上所述，本次暴雨是 500 hPa 正涡度平流区加强东移，促使边界层暖式切变发展，湿度锋区加强，高、低层次级环流上升支叠加，以及地面气流汇合、边界层辐合、高层辐散等动力条件共同作用结果。

4. 水汽条件：

（1）暴雨发生前 12 h，在鄂西南边界层有一湿舌向鄂西北东部伸展，并维持（925 hPa $T_{\mathrm{d}}\geqslant$ 20℃）少变。

（2）暴雨发生前 12 h，在湿舌内有湿平流明显加强（925 hPa $0\rightarrow1\times10^{-5}$℃/s），表明有较强水汽向暴雨区输送。

（3）暴雨发生前 12 h，鄂西北边界层水汽通量散度中心区域（925 hPa $-8\times10^{-8}\rightarrow-12\times$ $10^{-8}\mathrm{g}\cdot\mathrm{cm}^{-2}\cdot\mathrm{hPa}^{-1}\cdot\mathrm{s}^{-1}$）加强东移，在襄樊地区形成较强水汽辐合中心。

5. 不稳定条件：

（1）暴雨发生前 12 h，暴雨区上空假相当位温随高度递减（$\Delta\theta_{\mathrm{se}(500-850)}\leqslant-2$ K），维持较强对流不稳定；

（2）暴雨发生时，在 925 hPa 有湿位涡 MPV_1 项（$\leqslant-0.5$ PVU）负值中心与暴雨区配合，表明边界层湿不稳定能量明显加强；

（3）暴雨发生前 6 h，K 指数大值区（$\geqslant39$℃）开始向鄂西北东部移动，暴雨区上空不稳定加强。

6. 暴雨落区：

（1）850 hPa、925 hPa 西南急流出口区左侧 50 km 以内；

（2）850 hPa 中尺度低涡暖切顶部区域 50 km 以内；

（3）地面气流汇合区中心附近；

（4）925 hPa 干湿冷暖平流零线附近靠近暖湿平流一侧 50 km 以内；

（5）水汽通量散度大值中心与 K 指数大值区重叠区域。

综上所述，暴雨落区位于边界层西南急流出口区左侧，中尺度低涡暖切顶部区域，地面气流汇合区中心，干湿冷暖平流零线靠近暖湿平流一侧，水汽通量散度和 K 指数大值中心重合区域。

二、中尺度天气分析参考值

物理量名称	层次（hPa）	参考值	单位及量级	备注
边界层急流	925	$\geqslant16$	m/s	动力
显著气流	925	$\geqslant14$	m/s	动力
散度	200	$\geqslant9$	$10^{-5}\,\mathrm{s}^{-1}$	动力
涡度	925	$\geqslant12$	$10^{-5}\,\mathrm{s}^{-1}$	动力
位涡高值区	850	$\geqslant1$	PVU	动力
位涡低值区	200	$\leqslant0$	PVU	动力
涡度平流	500	$\geqslant4$	$10^{-9}\,\mathrm{s}^{-2}$	动力
锋生函数	925	$\geqslant5$	$\mathrm{K}\cdot\mathrm{hPa}^{-1}\cdot\mathrm{s}^{-3}$	动力
MPV_2	850	$\leqslant-1$	PVU	动力
冷平流	925	$\leqslant-1.5$	10^{-5}℃/s	动力
暖平流	925	$\geqslant1.5$	10^{-5}℃/s	动力
干平流	925	$\leqslant-1.5$	10^{-5}℃/s	动力

续表

物理量名称	层次(hPa)	参考值	单位及量级	备注
K 指数	/	$\geqslant 39$	℃	不稳定
$\Delta\theta_{se}$	500—850	$\leqslant -6$	K	不稳定
MPV_1	800—600	$\leqslant 0$	PVU	不稳定
湿平流	925	$\geqslant 1.5$	10^{-5} ℃/s	水汽
湿舌(区)	850	$\geqslant 18$	℃	水汽
水汽通量散度	925	$\leqslant -12$	10^{-8} g·cm^{-2}·hPa^{-1}·s^{-1}	水汽

三、中尺度天气系统三维结构图

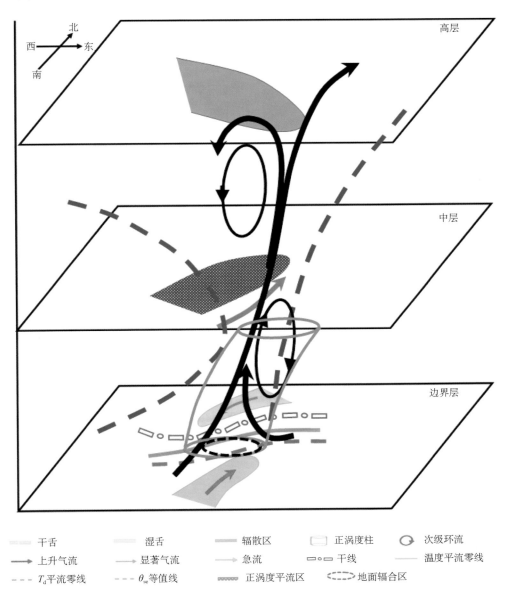

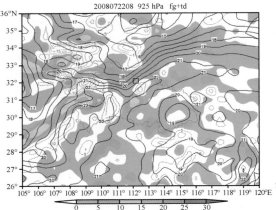

2008 年 7 月 22 日 08 时 925 hPa 露点和锋生函数（单位：℃，K·hPa^{-1}·s^{-3}）

2008 年 7 月 22 日 14 时沿 112°E 露点和流场垂直分布（单位：℃）

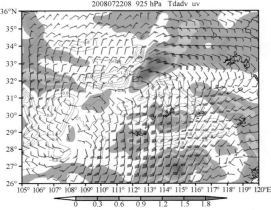
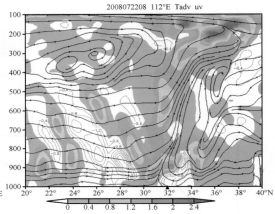

2008 年 7 月 22 日 08 时 925 hPa 湿度平流（单位：10^{-5}℃/s）

2008 年 7 月 22 日 08 时沿 112°E 温度平流和流场垂直分布（单位：10^{-5}℃/s）

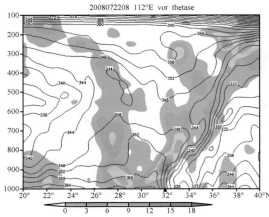
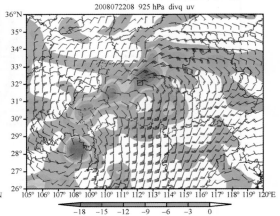

2008 年 7 月 22 日 08 时沿 112°E 涡度和假相当位温垂直分布（单位：10^{-5}s^{-1}，K）

2008 年 7 月 22 日 08 时 925 hPa 水汽通量散度（单位：10^{-8}g·cm^{-2}·hPa^{-2}·s^{-1}）

3.2.2　2008年8月16日(石首)

编号:20080816-3-02

一、中尺度天气条件及暴雨落区

1. 暴雨中心:石首、公安附近,1小时最大雨量43 mm,3小时最大雨量101 mm。
2. 主要中尺度系统:
(1)850 hPa、925 hPa干线
(2)500 hPa正涡度平流区
(3)850 hPa、925 hPa暖切顶部辐合区
(4)850 hPa、925 hPa急流
(5)边界层次级环流
(6)850 hPa、925 hPa湿舌
(7)850 hPa、925 hPa干舌
(8)850 hPa、925 hPa东北显著气流
(9)地面辐合区
3. 动力条件:
　　(1)暴雨发生前3 h,鄂西南—江汉平原北部—鄂东北西部有一条东北—西南向干线(825 hPa 4℃/100 km)稳定少动,在干线北侧有一股干空气以干舌形式南压与干线南侧的湿空气在江汉平原对峙,形成锋生,促使暴雨区上升运动加强。干线北侧干冷空气下沉,南侧暖湿气流上升,在边界层形成次级环流(热力直接环流),其上升支与高层次级反环流的上升支在暴雨区上空叠加,形成深厚的上升运动区,触发位势不稳定能量的释放,产生强烈的上升运动。

　　(2)暴雨发生前9 h,500 hPa湖南北部有正涡度平流向江汉平原移动,促使江汉平原南部边界层暖切顶部辐合区加强(925 hPa涡度 $4 \times 10^{-5} \rightarrow 16 \times 10^{-5}$ s^{-1})。

　　(3)暴雨发生前6 h,位于湖南西南部的边界层西南急流发展加强(850 hPa风速 $10 \rightarrow 18$ m/s)并东移北抬至湖南西北南部,急流出口区左前侧有风速辐合,造成局地涡度增加,上升运动发展。

　　(4)暴雨发生前6 h,925 hPa有明显暖平流中心($1.5 \times 10^{-5} \rightarrow 2 \times 10^{-5}$℃/s),北侧冷平流也加强,大气斜压性增强,对应暴雨区上空的 θ_{se} 锋面倾斜,倾斜正涡度柱发展,暴雨区上空辐合上升运动加强。

　　(5)暴雨发生前3 h,在地面东、东北、西北方向有三支显著气流在江汉平原南部汇合,其汇合区明显加强(正涡度中心 $6 \times 10^{-5} \rightarrow 12 \times 10^{-5}$ s^{-1}),导致低层扰动加强

　　(6)暴雨发生前6 h,鄂西南高空有正的散度中心东移至江汉平原(200 hPa散度 $8 \times 10^{-5} \rightarrow 12 \times 10^{-5}$ s^{-1}),高层辐散抽吸作用加强,配合200 hPa高空南亚高压北侧形成次级环流(热力间接环流)促使暴雨区上空气流加速流出,上升运动持续发展。

　　综上所述,本次暴雨是500 hPa正涡度平流区、倾斜的 θ_{se} 锋区和加强的边界层中尺度急流等促使边界层暖切顶部辐合区发展加强,湿度锋区加强,锋生次级环流上升支叠加,以及地面气流汇合、高层辐散等动力条件共同作用结果。

4. 水汽条件:

(1)暴雨发生前 6 h,在湖南中北部边界层有一湿舌向鄂东南南部伸展,并维持(925 hPa $T_d \geqslant 21℃$)少变。

(2)暴雨发生前 6 h,在湿舌左前侧湿平流加强(925 hPa $0.3 \times 10^{-5} \rightarrow 1.2 \times 10^{-5} ℃/s$),表明有较强水汽向暴雨区输送。

(3)暴雨发生前 6 h,湖北西部边界层水汽通量散度辐合中心东移(950 hPa $-8 \times 10^{-8} \rightarrow -12 \times 10^{-8} g \cdot cm^{-2} \cdot hPa^{-1} \cdot s^{-1}$),在江汉平原形成水汽辐合中心。

5. 不稳定条件:

(1)暴雨发生前 6 h,暴雨区上空假相当位温随高度递减($\Delta \theta_{se(500-850)} \leqslant -6 K$),有较强对流不稳定;

(2)暴雨发生前 6 h 时,在边界层有湿位涡 MPV_1 项($\leqslant -0.5$ PVU)负值中心与暴雨区配合,表明边界层湿不稳定能量明显;

(3)暴雨发生前 6 h,K 指数大值区($\geqslant 40℃$)开始向江汉平原移动,暴雨区上空不稳定加强。

6. 暴雨落区:

(1)850 hPa、925 hPa 西南急流出口区前侧 50 km 以内;

(2)850 hPa、925 hPa 暖切顶部辐合区 100 km 以内;

(3)850、925 hPa 冷暖平流零线右侧暖平流中心 50 km 以内;

(4)925 hPa 水汽通量散度大值中心 50 km 以内。

综上所述,暴雨落区位于边界层西南急流出口区左前侧,暖切顶部辐合区,冷暖平流零线右侧暖平流中心,以及水汽通量散度中心重合区域。

二、中尺度天气分析参考值

物理量名称	层次(hPa)	参考值	单位及量级	备注
边界层急流	850	$\geqslant 22$	m/s	动力
显著气流	850	$\geqslant 12$	m/s	动力
散度	200	$\geqslant 8$	$10^{-5} s^{-1}$	动力
涡度	850	$\geqslant 12$	$10^{-5} s^{-1}$	动力
位涡高值区	925	$\geqslant 1$	PVU	动力
位涡低值区	200	$\leqslant 0$	PVU	动力
涡度平流	500	$\geqslant 5$	$10^{-9} s^{-2}$	动力
锋生函数	850	$\geqslant 20$	$K \cdot hPa^{-1} \cdot s^{-3}$	动力
MPV_2	850	$\leqslant -1.5$	PVU	动力
冷平流	925	$\leqslant -1.5$	$10^{-5} ℃/s$	动力
暖平流	925	$\geqslant 1.5$	$10^{-5} ℃/s$	动力
干平流	925	$\leqslant -1.5$	$10^{-5} ℃/s$	动力

续表

物理量名称	层次(hPa)	参考值	单位及量级	备注
K 指数	/	$\geqslant 36$	℃	不稳定
$\Delta\theta_{se}$	$500-850$	$\leqslant -2$	K	不稳定
MPV_1	700	$\leqslant -0.5$	PVU	不稳定
湿平流	925	$\geqslant 1.2$	10^{-5}℃/s	水汽
湿舌(区)	925	$\geqslant 21$	℃	水汽
水汽通量散度	950	$\leqslant -12$	$10^{-8}\text{g}\cdot\text{cm}^{-2}\cdot\text{hPa}^{-1}\cdot\text{s}^{-1}$	水汽

三、中尺度天气系统三维结构图

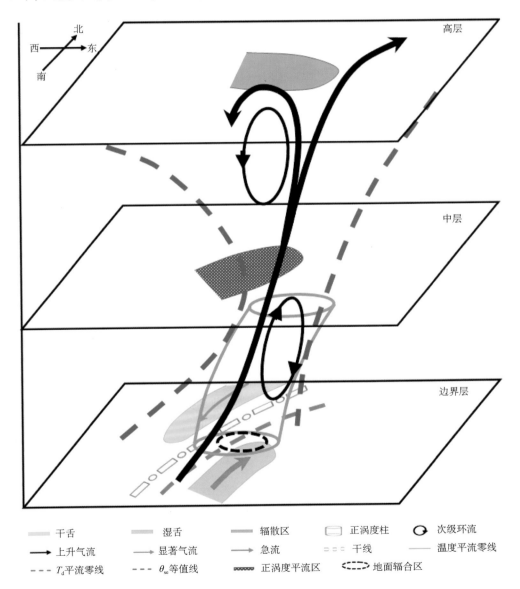

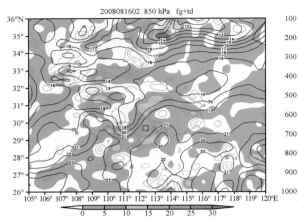

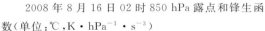

2008 年 8 月 16 日 02 时 850 hPa 露点和锋生函数（单位：℃，K·hPa^{-1}·s^{-3}）

2008 年 8 月 16 日 02 时沿 112.5°E 露点和流场垂直分布（单位：℃）

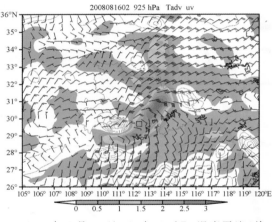

2008 年 8 月 16 日 02 时 925 hPa 温度平流（单位：10^{-5}℃/s）

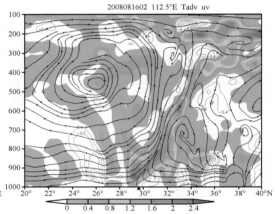

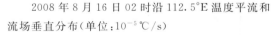

2008 年 8 月 16 日 02 时沿 112.5°E 温度平流和流场垂直分布（单位：10^{-5}℃/s）

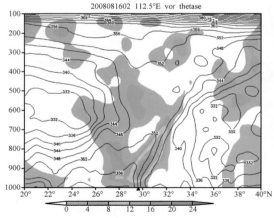

2008 年 8 月 16 日 02 时沿 112.5°E 涡度和假相当位温垂直分布（单位：10^{-5}s^{-1}，K）

2008 年 8 月 16 日 02 时 925 hPa 水汽通量散度（单位：10^{-8}g·cm^{-2}·hPa^{-1}·s^{-1}）

3.2.3 2008年8月16日(应城)

编号:20080816-3-03

一、中尺度天气条件及暴雨落区

1. 暴雨中心:应城、云梦附近,1小时最大雨量45 mm,3小时最大雨量58 mm。
2. 主要中尺度系统:
(1)850 hPa、925 hPa干线
(2)500 hPa正涡度平流区
(3)925 hPa边界层中尺度低涡
(4)850 hPa、925 hPa急流
(5)边界层次级环流
(6)850 hPa、925 hPa湿舌
(7)850 hPa、925 hPa干舌
(8)850 hPa、925 hPa东北急流
(9)地面辐合区
3. 动力条件:

(1)暴雨发生前,9 h,鄂东北—江汉平原西部有一条东北—西南向干线加强(925 hPa 2→5 ℃/100 km),在干线北侧有一股干空气以干舌形式南压与干线南侧的湿空气在鄂东北—江汉平原一带对峙,形成锋生,对应暴雨区左侧锋生函数加强(925 hPa 10→20 K·hPa^{-1}·s^{-3}),促使暴雨区上升运动加强。干线北侧干冷空气下沉,南侧暖湿气流上升,在边界层形成次级环流(热力直接环流),其上升支与高层次级反环流的上升支在暴雨区上空叠加,形成深厚的上升运动区,触发位势不稳定能量的释放,产生强烈的上升运动。

(2)暴雨发生前9 h,500 hPa鄂西南有正涡度平流经江汉平原向鄂东北移动加强(2×10^{-9}→5×10^{-9} s^{-2}),促使江汉平原北部边界层暖切顶部辐合区加强并逐渐发展成中尺度低涡(925 hPa涡度12×10^{-5}→32×10^{-5} s^{-1})。

(3)暴雨发生前9 h,位于江汉平原东部的边界层西南急流发展加强(850 hPa风速12→16 m/s),急流出口区左前侧辐合加强,造成局地涡度增加边界层中尺度低涡发展,上升运动加强。

(4)暴雨发生9 h,暴雨区925 hPa维持暖平流中心(≥2.5×10^{-5}℃/s),西北侧冷平流也加强,大气斜压性增强,对应暴雨区上空的θ_{se}锋面倾斜,倾斜正涡度柱发展,暴雨区上空辐合上升运动加强。

(5)暴雨发生前3 h,在地面东、东北、西北方向有三支显著气流在暴雨区上空汇合,此后汇合明显加强,在降雨最强时形成地面辐合中心(散度中心−3×10^{-5}→−10×10^{-5} s^{-1}),导致低层扰动加强

(6)暴雨发生前3 h,江汉平原西部高空有正的散度中心东移至鄂东北,高层辐散,配合200 hPa高空南亚高压北侧形成次级环流(热力间接环流),促使暴雨区上空气流加速流出,上升运动持续发展。

综上所述,本次暴雨是500 hPa正涡度平流区、陡立的θ_{se}锋区和加强的边界层中尺度急

流等共同促使边界层暖切顶部辐合区发展加强为中尺度低涡,湿度锋区加强,高、低层次级环流上升支叠加,以及地面辐合、高层辐散等动力条件共同作用结果。

4. 水汽条件:

(1)暴雨发生前 9 h,在江汉平原—鄂东边界层有一湿舌存在并略有加强(925 hPa T_d 21→22℃)。

(2)暴雨发生前 9 h,在湿舌左前侧湿平流加强(925 hPa $1×10^{-5}$→$2×10^{-5}$℃/s),表明有较强水汽向暴雨区输送。

(3)暴雨发生前 9 h,江汉平原至鄂东北边界层有水汽通量散度辐合中心稳定维持(925 hPa $≤-12×10^{-8}$g·cm^{-2}·hPa^{-1}·s^{-1}),暴雨区上空存在充足的水汽辐合。

5. 不稳定条件:

(1)暴雨发生前 3 h,暴雨区上空假相当位温随高度递减($\Delta\theta_{se(500-850)}≤-4$ K),有较强对流不稳定;

(2)暴雨发生前 3 h 时,在低层有湿位涡 MPV_1 项($≤-0.5$ PVU)负值区与暴雨区配合,表明低层有湿不稳定能量存在;

(3)暴雨发生前 9 h,K 指数大值区($≥39$℃)位于江汉平原至鄂东北,暴雨区上空不稳定明显。

6. 暴雨落区:

(1)850 hPa、925 hPa 西南急流出口区左前侧 50 km 以内;

(2)925 hPa 中尺度低涡中心附近;

(3)925 hPa 冷暖干湿平流零线右侧靠近暖湿平流区 50 km 以内;

(4)925 hPa 水汽通量散度大值中心附近。

综上所述,暴雨落区位于边界层西南急流出口区左前侧,中尺度低涡中心,冷暖干湿平流零线右侧靠近暖湿平流区,以及水汽通量散度中心重合区域。

二、中尺度天气分析参考值

物理量名称	层次(hPa)	参考值	单位及量级	备注
边界层急流	850	≥16	m/s	动力
显著气流	850	≥16	m/s	动力
散度	200	≥5	10^{-5} s^{-1}	动力
涡度	925	≥32	10^{-5} s^{-1}	动力
位涡高值区	850	≥1.5	PVU	动力
位涡低值区	200	≤0	PVU	动力
涡度平流	500	≥5	10^{-9} s^{-2}	动力
锋生函数	925	≥20	K·hPa^{-1}·s^{-3}	动力
MPV_2	925	≤-2	PVU	动力
冷平流	925	≤-2	10^{-5}℃/s	动力
暖平流	925	≥2.5	10^{-5}℃/s	动力
干平流	925	≤-2	10^{-5}℃/s	动力

续表

物理量名称	层次(hPa)	参考值	单位及量级	备注
K 指数	/	$\geqslant 39$	℃	不稳定
$\Delta\theta_{se}$	500－850	$\leqslant -4$	K	不稳定
MPV_1	850	$\leqslant -0$	PVU	不稳定
湿平流	925	$\geqslant 2$	10^{-5}℃/s	水汽
湿舌(区)	925	$\geqslant 22$	℃	水汽
水汽通量散度	925	$\leqslant -12$	$10^{-8} g \cdot cm^{-2} \cdot hPa^{-1} \cdot s^{-1}$	水汽

三、中尺度天气系统三维结构图

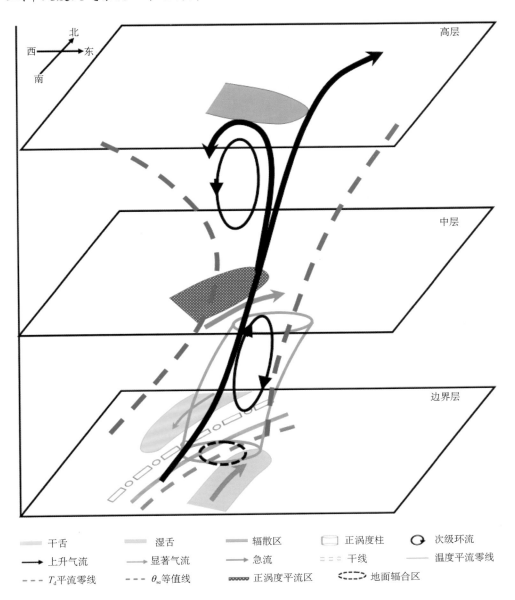

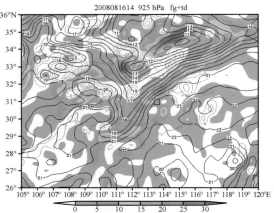

2008 年 8 月 16 日 14 时 925 hPa 露点和锋生函数（单位：℃，K·hPa^{-1}·s^{-3}）

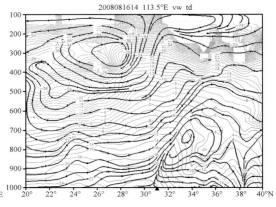

2008 年 8 月 16 日 14 时沿 113.5°E 露点和流场垂直分布（单位：℃）

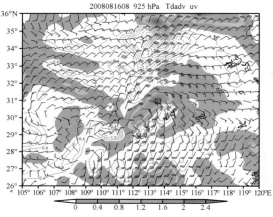

2008 年 8 月 16 日 08 时 925 hPa 湿度平流（单位：10^{-5}℃/s）

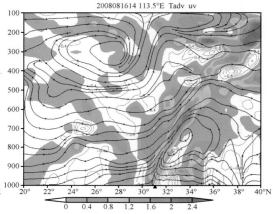

2008 年 8 月 16 日 14 时沿 113.5°E 温度平流和流场垂直分布（单位：10^{-5}℃/s）

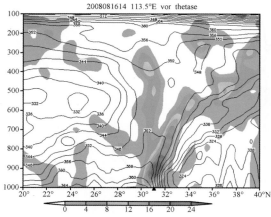

2008 年 8 月 16 日 14 时沿 113.5°E 涡度和假相当位温垂直分布（单位：10^{-5}s^{-1}，K）

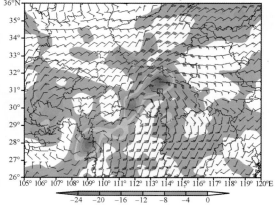

2008 年 8 月 16 日 08 时 925 hPa 水汽通量散度（单位：10^{-8}g·cm^{-2}·hPa^{-1}·s^{-1}）

3.2.4　2008 年 8 月 28 日(钟祥)

编号:20080828-3-04

一、中尺度天气条件及暴雨落区

1. 暴雨中心:钟祥、京山附近,1 小时最大雨量 38 mm,3 小时累积雨量最大达 67 mm。

2. 主要中尺度系统:

(1)850 hPa、925 hPa 干线

(2)500 hPa 正涡度平流区

(3)925 hPa 中尺度低涡

(4)700 hPa 涌线

(5)700 hPa、850 hPa、925 hPa 西南急流

(6)850 hPa、925 hPa 东风急流

(7)850 hPa、925 hPa 湿舌

(8)850 hPa、925 hPa 干舌

(9)边界层次级环流

(10)地面辐合线

3. 动力条件:

(1)暴雨发生前 12 h,边界层 θ_{se} 锋区南侧西南急流(850 hPa 风速 $\geqslant$20 m/s)及北侧冷高压底部偏东回流发展,干冷、湿暖空气加强对峙,形成干线,随着低空西南急流的逐渐向北推进,干线由湖北中部逐渐北抬至湖北北部,并加强(850 hPa 3→4℃/100 km),对应 850 hPa 锋生函数加强(20→30 K·hPa^{-1}·s^{-3}),锋生明显。其上升支与中高层次级反环流的上升支在暴雨区上空叠加,形成深厚的上升运动区,触发位势不稳定能量的释放,产生强烈的上升运动。

(2)暴雨发生前 6 h,500 hPa 有正涡度平流自鄂西南地区东移到江汉平原,(暴雨区 500 hPa -6×10^{-9}→3×10^{-9}s^{-2}),促使边界层中尺度低涡生成发展,产生了强烈的辐合,暴雨区上空上升运动加强。雷达回波表现为江汉平原西部回波加强,并向东移经暴雨区。

(3)暴雨发生前 6 h,θ_{se} 锋区随高度向北倾斜,在对流层中层暴雨区北侧 θ_{se} 锋区南侧有暖平流中心存在($\geqslant1\times10^{-5}$℃/s),斜压性增加,导致中低层垂直涡度显著发展,形成一倾斜正涡度柱,在暴雨区形成强烈上升运动。

(4)暴雨发生前 12 h,低空西南急流向东北移动,并逐渐发展加强(850 hPa 风速 14→20 m/s),在急流出口区附近形成涌线,同时暴雨区北侧的东南风逐渐转为偏东风,并加强为东风急流(850 hPa 风速 14→18 m/s),两支急流在暴雨区上空形成了强烈的辐合。

(5)暴雨发生时,地面暴雨区附近有偏北风与偏南风形成的辐合线(地面散度-1×10^{-5}→-3×10^{-5}s^{-1}),产生扰动并触发不稳定能量的释放。

(6)暴雨发生前 6 h,高空 300 hPa 位于重庆的高压脊向东北方向移动,暴雨发生时移至湖北西部,脊前分流区移至暴雨区上空,由此带来了辐散抽吸作用(散度-4×10^{-5}→3×10^{-5}s^{-1}),配合中高层次级环流,有利于暴雨区上空气流加速流出。

综上所述,本次暴雨过程是 500 hPa 正涡度平流东移,促使暴雨区附近形成边界层中尺度低涡,配合低空西南急流和边界层东风急流发展加强,湿度锋区加强,高、低层次级环流上升支

叠加,地面辐合线及高空辐散抽吸等动力条件共同作用的结果。

4. 水汽条件:

(1)暴雨发生前 12 h,边界层有自湖南中北部向鄂东北伸展的湿舌(925 hPa $T_d \geqslant 21℃$),强度维持;

(2)暴雨发生时,湿舌内暴雨区有弱湿平流输送(850 hPa$\geqslant 1 \times 10^{-5}℃/s$);

(3)湿舌内暴雨区上空有水汽通量辐合,暴雨发生前 12 h,925 hPa 暴雨区水汽通量辐合加强($-6 \times 10^{-8} \rightarrow -12 \times 10^{-8}$g·cm^{-2}·hPa^{-1}·s^{-1})。

5. 不稳定条件:

(1)暴雨区上空假相当位温随高度变化不大($\Delta\theta_{se(500-850)} = 0$ K);

(2)暴雨发生前 6 h,暴雨区上空 MPV_1 值在零附近;

(3)暴雨发生前 6 h,暴雨区 K 指数较大($\geqslant 37℃$),表明暴雨区有一定的对流不稳定能量,但不强。

6. 暴雨落区:

(1)700 hPa 西南急流出口区 50 km 以内的涌线上;850 hPa、925 hPa 西南急流出口区 100 km 以内;850 hPa 东风急流左侧 100 km 以内;925 hPa 东风急流左侧出口区 50 km 以内;

(2)925 hPa 中尺度低涡中心左前方 50 km 以内;

(3)地面辐合线中心附近;

(4)850 hPa、925 hPa 干湿冷暖平流零线南侧 100 km 以内的暖湿平流一侧;

(5)925 hPa 水汽通量散度大值中心与 K 指数大值区重叠区域。

综上所述,暴雨落区位于低空西南急流出口区 100 km 以内的涌线上,中尺度低涡中心左前方,地面辐合线中心附近,干湿冷暖平流零线靠近暖湿平流一侧,以及水汽通量散度和 K 指数大值中心的重合区域。

二、中尺度天气分析参考值

物理量名称	层次(hPa)	参考值	单位及量级	备注
边界层急流	850	$\geqslant 20$	m/s	动力
显著气流	850	$\geqslant 18$	m/s	动力
散度	300	$\geqslant 3$	10^{-5} s^{-1}	动力
涡度	925	$\geqslant 16$	10^{-5} s^{-1}	动力
位涡高值区	850	$\geqslant 1.5$	PVU	动力
位涡低值区	200	$\leqslant 0$	PVU	动力
涡度平流	500	$\geqslant 3$	10^{-9} s^{-2}	动力
锋生函数	850	$\geqslant 30$	K·hPa^{-1}·s^{-3}	动力
MPV_2	700	$\leqslant -1$	PVU	动力
冷平流	850	$\leqslant -1$	$10^{-5}℃/s$	动力
暖平流	925	$\geqslant 2$	$10^{-5}℃/s$	动力
干平流	925	$\leqslant -3.5$	$10^{-5}℃/s$	动力

续表

物理量名称	层次(hPa)	参考值	单位及量级	备注
K 指数	/	$\geqslant 37$	℃	不稳定
$\Delta\theta_{se}$	500−850	$\leqslant 0$	K	不稳定
MPV$_1$	500	$\leqslant -0.5$	PVU	不稳定
湿平流	850	$\geqslant 1$	10^{-5}℃/s	水汽
湿舌(区)	925	$\geqslant 21$	℃	水汽
水汽通量散度	925	$\leqslant -12$	10^{-8}g·cm^{-2}·hPa^{-1}·s^{-1}	水汽

三、中尺度系统三维空间结构图及说明

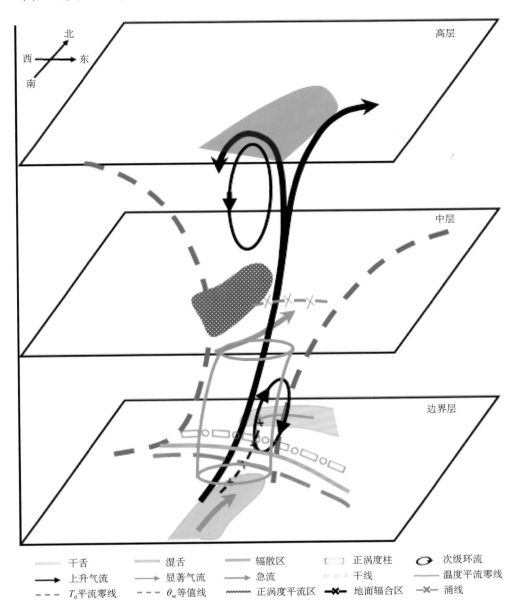

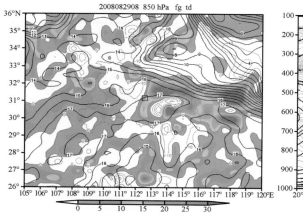

2008 年 8 月 29 日 08 时 850 hPa 露点和锋生函数（单位：℃，K·hPa^{-1}·s^{-3}）

2008 年 8 月 29 日 08 时沿 113.5°E 露点和流场垂直分布（单位：℃）

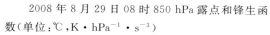

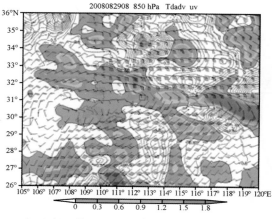

2008 年 8 月 29 日 08 时 850 hPa 湿度平流（单位：10^{-5}℃/s）

2008 年 8 月 29 日 08 时沿 113.5°E 温度平流和流场垂直分布（单位：10^{-5}℃/s）

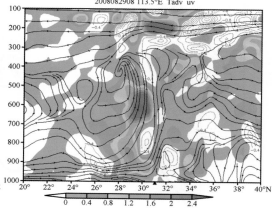

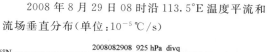

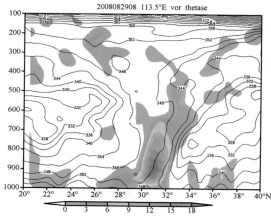

2008 年 8 月 29 日 08 时沿 113.5°E 涡度和假相当位温垂直分布（单位：10^{-5}s^{-1}，K）

2008 年 8 月 29 日 08 时 925 hPa 水汽通量散度（单位：10^{-8}g·cm^{-2}·hPa^{-1}·s^{-1}）

3.2.5　2008 年 8 月 29 日(孝昌)

编号:20080829-3-05

一、中尺度天气条件及暴雨落区

1. 暴雨中心:云梦、孝昌附近,1 小时最大雨量为云梦 46 mm,3 小时累积雨量最大为孝昌 102 mm。

2. 主要中尺度系统:

(1)850 hPa、925 hPa 干线

(2)500 hPa 正涡度平流区

(3)925 hPa 暖切顶部辐合区

(4)700 hPa、850 hPa、925 hPa 急流

(5)850 hPa、925 hPa 湿舌

(6)850 hPa、925 hPa 干舌

(7)925 hPa 东北显著气流

(8)地面辐合区

3. 动力条件:

(1)暴雨发生前 12 h,湖北北部有一条干线(925 hPa 4℃/100 km)存在,随着东北显著气流的发展和西南急流的加强,干空气以干舌形式与其前部湿空气对峙,在江汉平原至鄂东北形成一条东北—西南向的锋生带,对应暴雨区左侧锋生函数加强(925 hPa 0→5 K・hPa^{-1}・s^{-3}),促使锋区附近上升运动加强,暴雨区位于锋生带东侧。云图显示,暴雨发生前 3 h,锋生带位置有多个中尺度云团生成并逐渐加强。

(2)暴雨发生前 6 h,500 hPa 鄂西南正涡度平流区向暴雨区上空移动($-1×10^{-9}$→$5×10^{-9}$ s^{-2}),促使江汉平原至鄂东北的暖切加强(925 hPa 涡度 $20×10^{-5}$→$32×10^{-5}$ s^{-1}),暖湿空气辐合加强。雷达回波显示,在江汉平原中部局地生成的降水回波沿 925 hPa 暖性切变线移动并逐渐加强,暴雨区位于暖切顶部辐合最强处。

(3)暴雨发生前 12 h,位于湖南东部的边界层西南急流加强(925 hPa 风速 6→12 m/s)并北抬至鄂东北,急流出口区左侧有上升运动发展。

(4)暴雨发生前 6 h,925 hPa 有明显暖平流中心($1.5×10^{-5}$→$2.5×10^{-5}$℃/s),北侧冷平流也加强,大气斜压性增强,对应暴雨区上空的 θ_{se} 锋面倾斜,倾斜正涡度柱发展,暴雨区上空辐合上升运动加强。

(5)暴雨发生前 2 h,地面来自东、东北和西北方向的显著气流在鄂东北汇合,辐合明显加强(地面散度$-4×10^{-5}$→$-14×10^{-5}$ s^{-1}),导致低层扰动加强。

(6)暴雨发生前 6 h,湖南北部上空散度中心加强北移至鄂东北(200 hPa 散度 $12×10^{-5}$→$16×10^{-5}$ s^{-1}),高层辐散抽吸作用加强,配合 400 hPa 附近次级环流,有利于暴雨区上空气流加速流出。

综上所述,本次暴雨是 500 hPa 正涡度平流区加强东移,促使边界层暖性切变发展,湿度锋区加强,以及地面气流汇合、高层辐散等动力条件共同作用结果。

4. 水汽条件：

(1)暴雨发生前 12 h,在湖南北部边界层有一湿舌向江汉平原东部伸展,并维持(925 hPa $T_d \geqslant 21℃$)少变。

(2)暴雨发生前 12 h,在湿舌内有湿平流明显加强(925 hPa $0.5 \times 10^{-5} \rightarrow 2 \times 10^{-5}℃/s$),表明有较强水汽向暴雨区输送。

(3)暴雨发生前 12 h,湖南北部边界层水汽通量散度中心区域(925 hPa $-10 \times 10^{-8} \rightarrow -12 \times 10^{-8}g \cdot cm^{-2} \cdot hPa^{-1} \cdot s^{-1}$)加强北抬,在江汉平原形成较强水汽辐合中心。

5. 不稳定条件：

(1)暴雨发生前 12 h,暴雨区上空假相当位温随高度递减($\Delta\theta_{se(500-850)} \leqslant -2$ K),维持较强对流不稳定;

(2)暴雨发生时,在 850 hPa 有湿位涡 MPV_1 项($\leqslant -0.5$ PVU)负值中心与暴雨区配合,表明边界层湿不稳定能量明显加强;

(3)暴雨发生前 6 h,K 指数大值区($\geqslant 41℃$)开始向江汉平原东部移动,暴雨区上空不稳定加强。

6. 暴雨落区：

(1)925 hPa 西南急流出口区左侧 50 km 以内;

(2)925 hPa 暖切顶部辐合区 50 km 以内;

(3)地面气流汇合区;

(4)925 hPa 湿平流中心、冷暖平流零线附近靠近暖平流一侧 50 km 以内;

(5)水汽通量散度大值中心与 K 指数大值区重叠区域。

综上所述,暴雨落区位于边界层西南急流出口区左侧,边界层暖切顶部,地面气流汇合区,湿平流中心,冷暖平流零线靠近暖平流一侧,以及水汽通量散度和 K 指数大值中心等重叠区域。

二、中尺度天气分析参考值

物理量名称	层次(hPa)	参考值	单位及量级	备注
边界层急流	925	$\geqslant 12$	m/s	动力
显著气流	925	$\geqslant 14$	m/s	动力
散度	200	$\geqslant 8$	$10^{-5} s^{-1}$	动力
涡度	925	$\geqslant 16$	$10^{-5} s^{-1}$	动力
位涡高值区	925	$\geqslant 1.5$	PVU	动力
位涡低值区	200	$\leqslant 0$	PVU	动力
涡度平流	500	$\geqslant 5$	$10^{-9} s^{-2}$	动力
锋生函数	925	$\geqslant 5$	$K \cdot hPa^{-1} \cdot s^{-3}$	动力
MPV_2	925	$\leqslant -2.5$	PVU	动力
冷平流	925	$\leqslant -2.5$	$10^{-5}℃/s$	动力
暖平流	925	$\geqslant 0$	$10^{-5}℃/s$	动力
干平流	925	$\leqslant -2$	$10^{-5}℃/s$	动力

续表

物理量名称	层次(hPa)	参考值	单位及量级	备注
K 指数	/	$\geqslant 41$	℃	不稳定
$\Delta\theta_{se}$	500－850	$\leqslant -5$	K	不稳定
MPV_1	700	$\leqslant -0.5$	PVU	不稳定
湿平流	925	$\geqslant 2$	10^{-5}℃/s	水汽
湿舌(区)	925	$\geqslant 21$	℃	水汽
水汽通量散度	925	$\leqslant -10$	10^{-8}g・cm^{-2}・hPa^{-1}・s^{-1}	水汽

三、中尺度天气系统三维结构图

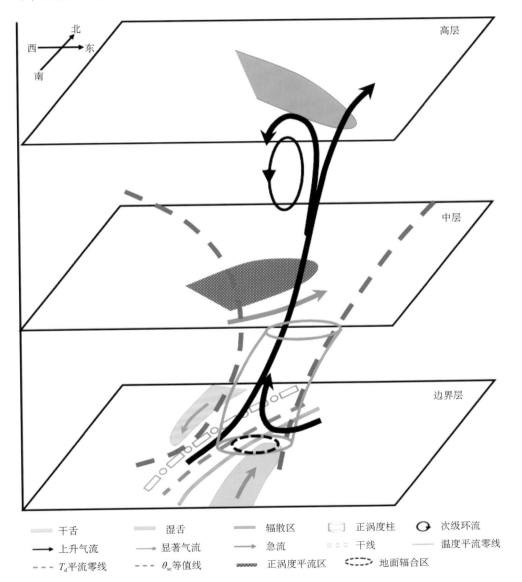

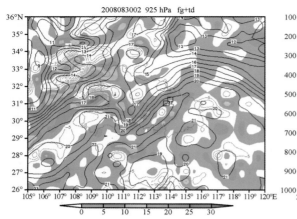

2008 年 8 月 30 日 02 时 925 hPa 露点和锋生函数（单位：℃，K·hPa^{-1}·s^{-3}）

2008 年 8 月 30 日 02 时沿 113.5°E 露点和流场垂直分布（单位：℃）

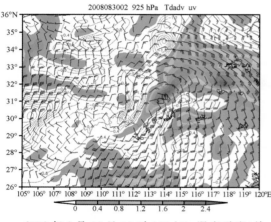

2008 年 8 月 30 日 02 时 925 hPa 湿度平流（单位：10^{-5}℃/s）

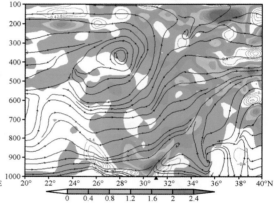

2008 年 8 月 30 日 02 时沿 113.5°E 温度平流和流场垂直分布（单位：10^{-5}℃/s）

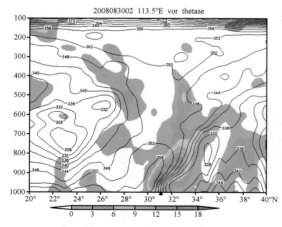

2008 年 8 月 30 日 02 时沿 113.5°E 涡度和假相当位温垂直分布（单位：10^{-5}s^{-1}，K）

2008 年 8 月 30 日 02 时 925 hPa 水汽通量散度（单位：10^{-8}g·cm^{-2}·hPa^{-1}·s^{-1}）

3.2.6 2009 年 6 月 29 日(鹤峰)

编号:20090629-3-06

一、中尺度天气条件及暴雨落区

1. 暴雨中心:鹤峰、建始附近,1 小时最大雨量 54 mm,3 小时最大雨量 104 mm。

2. 主要中尺度系统:

(1)850 hPa、925 hPa 干线

(2)500 hPa 正涡度平流

(3)850 hPa、925 hPa 暖切顶部辐合区

(4)700 hPa、850 hPa 急流

(5)对流层中低层次级环流

(6)925 和 850 hPa 湿舌

(7)925 和 850 hPa 干舌

(8)850 hPa 、925 hPa 偏东显著气流

3. 动力条件:

(1)暴雨发生前 6 h,边界层 θ_{se} 锋区南侧西南急流及北侧冷高压底部偏东回流发展,干冷、湿暖空气加强对峙,在鄂西南形成东西走向且向北凸起的干线(925 hPa 5℃/100 km),锋区加强(850 hPa 锋生函数 5→15 K · hPa^{-1} · s^{-3}),在锋面北侧干冷空气下沉,南侧暖湿气流上升,由于鹤峰(海拔 538 m)、建始(海拔 612 m)的海拔高度较高接近 925 hPa,因此锋区附近在对流层中低层形成了次级环流,其上升支与高层次级反环流的上升支在暴雨区上空叠加,形成深厚的上升运动区,触发位势不稳定能量的释放,产生强烈的上升运动。

(2)暴雨发生前 6 h,500 hPa 位于重庆与恩施之间的正涡度平流区东移,中心移至恩施地区,并略有所加强,暴雨区上空由负涡度平流转为正涡度平流(-1×10^{-9}→2×10^{-9} s^{-2}),利于低层低值系统发展,位于重庆西部的低涡向东北方向有所移动,暴雨区位于低涡右前侧的暖切顶部辐合区,辐合加强(850 hPa 散度 -4×10^{-5}→-8×10^{-5} s^{-1}),上升运动加强。

(3)暴雨发生前 6 h,低层湖南、贵州至鄂西南的南风加大,西南急流加强(850 hPa 风速 12→16 m/s;700 hPa 风速 10→12 m/s),暴雨区位于低空急流出口区附近,辐合加强,上升运动加强。

(4)暴雨发生前 6 h,θ_{se} 锋区随高度向北倾斜,对流层中层暴雨区北侧 θ_{se} 锋区上有暖平流加强(925 hPa 0.5×10^{-5}→1×10^{-5}℃/s),北侧冷平流也加强,大气斜压性增强,正涡度柱发展,加强了暴雨区上空的辐合上升运动。

(5)暴雨发生前 6 h,位于鄂西南的高空辐散中心加强(200 hPa 散度 6×10^{-5}→10×10^{-5} s^{-1}),高层辐散抽吸作用加强,配合 200 hPa 次级环流,有利于暴雨区上空气流加速流出,在暴雨区附近形成强烈上升运动。

综上所述,本次暴雨是 500 hPa 正涡度平流区东移,促使边界层暖切顶部辐合区加强;湿度锋区加强,高、低层次级环流上升支叠加,以及高层辐散等动力条件共同作用结果。

4. 水汽条件:

(1)暴雨发生前 6 h,边界层自贵州伸向鄂西南的湿舌维持并有所加强(925 hPa

$T_d \geq 23℃$）；

（2）暴雨发生前 6 h，暴雨区边界层有来自南方的湿平流，中心加强（850 hPa $0 \to 1.5 \times 10^{-5}℃/s$）；

（3）暴雨发生前 12 h，边界层自贵州至鄂西南维持一个水汽通量辐合带，且鄂西南的辐合加强（925 hPa $-6 \times 10^{-8} \to -12 \times 10^{-8} g \cdot cm^{-2} \cdot hPa^{-1} \cdot s^{-1}$）。

5. 不稳定条件：

（1）暴雨发生前 6 h，暴雨区上空假相当位温随高度递减，且差值加大（$\Delta\theta_{se(500-850)}$ $-4 \to -6$ K），垂直方向存在对流不稳定；

（2）暴雨发生前 6 h，暴雨区上空对流层低层存在 MPV_1 小于零区域，925 hPa 附近为负值中心区域，且有所加强（$MPV_1 0 \to -0.5$ PVU），说明边界层有湿不稳定能量积蓄；

（3）暴雨发生前 6 h，K 指数大值区（$\geq 39℃$）由重庆南部移至鄂西南，暴雨区上空不稳定加强。

6. 暴雨落区：

（1）暴雨落区两个站分别位于 850 hPa 干线以南 50 km 内，925 hPa 干线南北两侧 50 km 以内；

（2）边界层层中尺度低涡右前侧 200 km 附近的暖切顶部处；

（3）700 hPa 急流出口区南侧 100 km 以内；850 hPa 急流出口区北侧 200 km 附近；

（4）边界层干湿冷暖平流零线南侧暖湿中心附近；

（5）湿舌顶部附近、边界层水汽通量辐合中心附近与不稳定大值区重叠区域。

综上所述，暴雨落区位于边界层干线附近，边界层中尺度低涡右前侧的暖切顶部、700 hPa 急流出口区南侧、850 hPa 急流出口区北侧、边界层干湿冷暖平流零线南侧暖湿中心附近、湿舌顶部附近、边界层水汽通量辐合中心附近与不稳定大值区重叠区域。

二、中尺度天气分析参考值

物理量名称	层次(hPa)	参考值	单位及量级	备注
边界层急流	850	≥ 16	m/s	动力
显著气流	850	≥ 10	m/s	动力
散度	200	≥ 10	$10^{-5} s^{-1}$	动力
涡度	850	≥ 4	$10^{-5} s^{-1}$	动力
位涡高值区	500	≥ 1.5	PVU	动力
位涡低值区	200	≤ 0.5	PVU	动力
涡度平流	500	≥ 2	$10^{-9} s^{-2}$	动力
锋生函数	850	≥ 15	$K \cdot hPa^{-1} \cdot s^{-3}$	动力
MPV_2	700	≤ -1.5	PVU	动力
冷平流	850	≤ -1.5	$10^{-5} ℃/s$	动力
暖平流	850	≥ 1	$10^{-5} ℃/s$	动力
干平流	850	≤ -1.5	$10^{-5} ℃/s$	动力

续表

物理量名称	层次(hPa)	参考值	单位及量级	备注
K 指数	/	$\geqslant 39$	℃	不稳定
$\Delta\theta_{se}$	$500-850$	$\leqslant -6$	K	不稳定
MPV_1	925	$\leqslant -0.5$	PVU	不稳定
湿平流	850	$\geqslant 1.5$	10^{-5}℃/s	水汽
湿舌(区)	925	$\geqslant 23$	℃	水汽
水汽通量散度	925	$\leqslant -12$	$10^{-8} g \cdot cm^{-2} \cdot hPa^{-1} \cdot s^{-1}$	水汽

三、中尺度系统三维空间结构图及说明

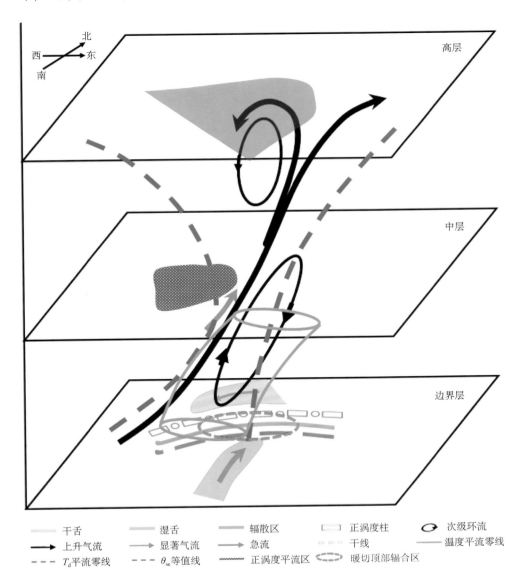

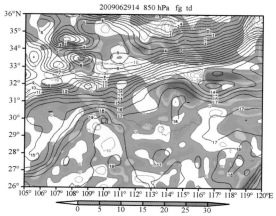

2009 年 6 月 29 日 14 时 850 hPa 露点和锋生函数（单位：℃，K·hPa^{-1}·s^{-3}）

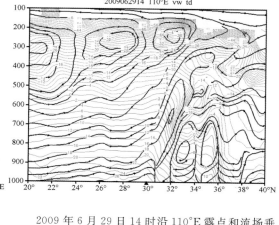

2009 年 6 月 29 日 14 时沿 110°E 露点和流场垂直分布（单位：℃）

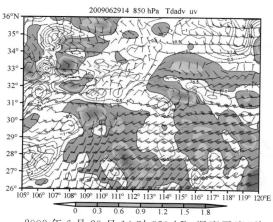

2009 年 6 月 29 日 14 时 850 hPa 湿度平流（单位：10^{-5}℃/s）

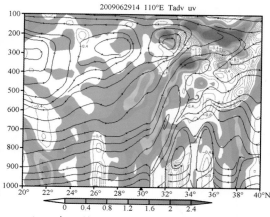

2009 年 6 月 29 日 14 时沿 110°E 温度平流和流场垂直分布（单位：10^{-5}℃/s）

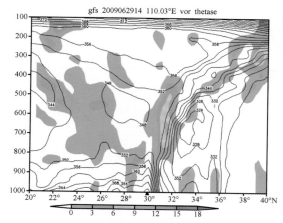

2009 年 6 月 29 日 14 时沿 110°E 涡度和假相当位温垂直分布（单位：10^{-5}s^{-1}，K）

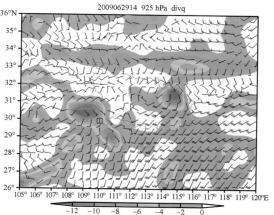

2009 年 6 月 29 日 14 时 925 hPa 水汽通量散度（单位：10^{-8}g·cm^{-2}·hPa^{-1}·s^{-1}）

3.2.7 2010年7月10日(孝感)

编号:20100710-3-07

一、中尺度天气条件及暴雨落区

1. 暴雨中心:孝感附近,1小时最大雨量30 mm,3小时累积雨量最大50 mm。

2. 主要中尺度天气系统:

(1)925 hPa干线

(2)500 hPa正涡度平流区

(3)850 hPa、925 hPa涌线

(4)700 hPa、850 hPa、925 hPa急流

(5)边界层次级环流

(6)850 hPa、925 hPa湿舌

(7)925 hPa干舌

(8)925 hPa东北显著气流

(9)地面辐合区

3. 动力条件:

(1)暴雨发生前6 h,河南中西部至鄂西北有一条东北—西南向干线(925 hPa 4℃/100 km)稳定少动,在干线北侧有一股干空气平行于干线,且气流明显加强,以干舌形式与其前部湿空气交汇对峙,形成局部锋生,对应暴雨区左侧锋生函数加强(850 hPa 5→30 K·hPa^{-1}·s^{-3}),促使暴雨区上升运动加强;另外,由于干线北侧低层干冷空气风速加大,其上层质量补充出现下沉气流,在边界层形成次级环流,其上升支与高层次级反环流的上升支在暴雨区上空叠加,形成深厚的上升运动区,触发位势不稳定能量的释放,产生强烈的上升运动。

(2)暴雨发生时,500 hPa鄂西北附近正涡度平流区加强(4×10^{-9}→16×10^{-9} s^{-2}),促使鄂东北西部中低层中尺度低涡发展加强(850 hPa涡度4×10^{-5}→20×10^{-5} s^{-1})。

(3)暴雨发生前6 h,位于湖南西北部的中低层西南急流加强(850 hPa风速12→20 m/s)并北抬至江汉平原南部,急流出口区形成明显的涌线,辐合加强,强烈上升运动发展。雷达回波也表现为由西南向东北移并逐渐加强。

(4)暴雨发生前6 h,850 hPa暖平流中心加强(0.5×10^{-5}→1×10^{-5}℃/s),北侧冷平流也加强,大气斜压性增强,倾斜正涡度柱发展,暴雨区上空辐合上升运动加强。

(5)暴雨发生前4 h,在地面有西南方向、偏东方向和偏北方向三支显著气流在江汉平原南部汇合,其汇合区辐合明显加强(正涡度中心2×10^{-5}→4×10^{-5} s^{-1}),导致低层扰动加强。

(6)暴雨发生前6 h,鄂西南上空散度中心加强北移至江汉平原北部(200 hPa散度8×10^{-5}→15×10^{-5} s^{-1}),高层辐散抽吸作用加强,配合200 hPa次级环流,有利于暴雨区上空气流加速流出。

综上所述,本次暴雨是干线北侧干冷空气风速加大,与中低层低涡发展造成的涌线共同作用,湿度锋区加强,高、低层次级环流上升支叠加,以及地面气流汇合、高层辐散等动力条件共同作用结果。

4. 水汽条件：

(1)暴雨发生前 6 h,在湖南北部边界层有一东西向湿舌(925 hPa $T_d \geq 22℃$),到暴雨发生时北抬至鄂西北到鄂东北一带。

(2)暴雨发生前 12 h,在湿舌内有湿平流明显加强(925 hPa $0.5 \times 10^{-5} \to 1 \times 10^{-5}℃/s$),表明有较强水汽向暴雨区输送。

(3)暴雨发生前 6 h,鄂西南边界层水汽通量散度中心区域(925 hPa $-12 \times 10^{-8} \to -20 \times 10^{-8}$ g·cm^{-2}·hPa^{-1}·s^{-1})东移加强,在江汉平原形成较强水汽辐合中心。

5. 不稳定条件：

(1)暴雨发生时,暴雨区上空假相当位温随高度递减($\Delta\theta_{se(500-850)} \leq -4$ K),形成较强对流不稳定；

(2)暴雨发生时,在 925 hPa 有湿位涡 MPV$_1$ 项(≤ -0.5 PVU)负值中心与暴雨区配合,表明边界层湿不稳定能量明显加强；

(3)暴雨发生前 6 h,K 指数大值区($\geq 38℃$)开始向北移动,暴雨区上空不稳定加强。

6. 暴雨落区：

(1)850 hPa、925 hPa 西南急流出口区前侧 50 km 以内；

(2)850 hPa、925 hPa 中尺度低涡中心右侧 100 km 以内；

(3)地面辐合区中心附近；

(4)925 hPa 干湿冷暖平流零线附近靠近暖湿平流一侧 50 km 以内；

(5)水汽通量散度负值中心与 K 指数大值区重叠区域；

(6)850 hPa、925 hPa 涌线前沿 50 km 以内。

综上所述,暴雨落区位于边界层西南急流出口区北侧,涌线前沿,中尺度低涡中心右侧,地面辐合区中心,干湿冷暖平流零线靠近暖湿平流一侧,以及水汽通量散度和 K 指数大值中心重合区域。

二、中尺度天气分析参考值

物理量名称	层次(hPa)	参考值	单位及量级	备注
边界层急流	850	≥ 20	m/s	动力
显著气流	925	≥ 12	m/s	动力
散度	300	≥ 8	10^{-5} s^{-1}	动力
涡度	850	≥ 8	10^{-5} s^{-1}	动力
位涡高值区	700、850	≥ 2	PVU	动力
位涡低值区	200	≤ 0.5	PVU	动力
涡度平流	500	≥ 15	10^{-9} s^{-2}	动力
锋生函数	850	≥ 30	K·hPa^{-1}·s^{-3}	动力
MPV$_2$	925	≤ -2	PVU	动力
冷平流	700	≤ 0	$10^{-5}℃/s$	动力
暖平流	850	≥ 1	$10^{-5}℃/s$	动力
干平流	850	≤ 0	$10^{-5}℃/s$	动力

续表

物理量名称	层次(hPa)	参考值	单位及量级	备注
K 指数	/	$\geqslant 40$	℃	不稳定
$\Delta\theta_{se}$	$500-850$	$\leqslant -4$	K	不稳定
MPV_1	925	$\leqslant -0.5$	PVU	不稳定
湿平流	925	$\geqslant 0$	10^{-5}℃/s	水汽
湿舌(区)	925	$\geqslant 22$	℃	水汽
水汽通量散度	925	$\leqslant -20$	10^{-8}g·cm^{-2}·hPa^{-1}·s^{-1}	水汽

三、中尺度系统三维结构图

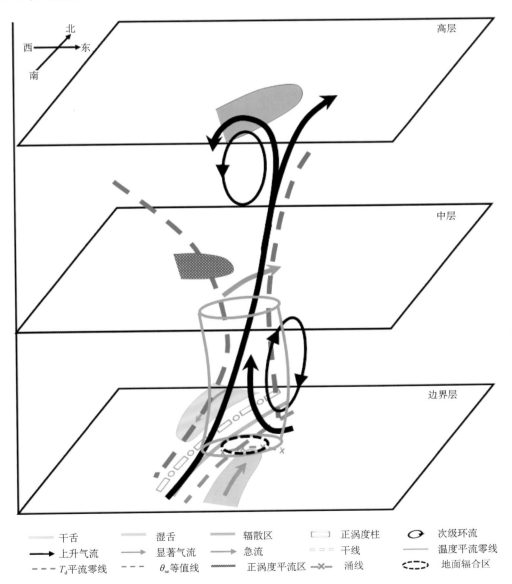

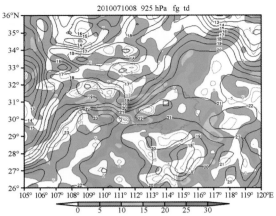

2010 年 7 月 10 日 08 时 925 hPa 露点和锋生函数（单位：℃，K·hPa^{-1}·s^{-3}）

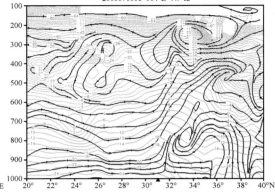

2010 年 7 月 10 日 08 时沿 114°E 露点和流场垂直分布（单位：℃）

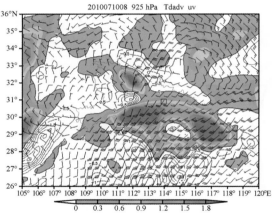

2010 年 7 月 10 日 08 时 925 hPa 露点温度平流（单位：10^{-5}℃/s）

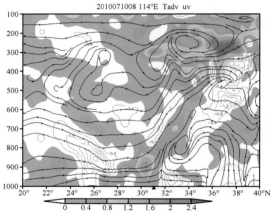

2010 年 7 月 10 日 08 时沿 114°E 温度平流和流场垂直分布（单位：10^{-5}℃/s）

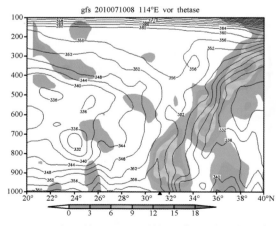

2010 年 7 月 10 日 08 时沿 114°E 涡度和假相当位温垂直分布（单位：10^{-5}s^{-1}，K）

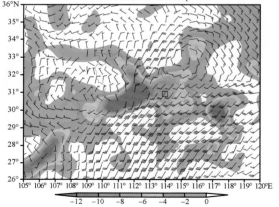

2010 年 7 月 10 日 08 时 925 hPa 水汽通量散度（单位：10^{-8}g·cm^{-2}·hPa^{-1}·s^{-1}）

3.2.8 2010年7月21日(天门)

编号:20100721-3-08

一、中尺度天气条件及暴雨落区

1. 暴雨中心:天门、潜江附近,1小时最大雨量45 mm,3小时累积雨量最大60 mm。

2. 主要中尺度系统:

(1)700 hPa、850 hPa干线

(2)500 hPa正涡度平流区

(3)850 hPa、925 hPa暖切顶部辐合区

(4)700 hPa、850 hPa、925 hPa急流

(5)中低层次级环流

(6)850 hPa、925 hPa湿舌

(7)850 hPa干舌

(8)850 hPa偏东显著气流

3. 动力条件:

(1)暴雨发生前18 h,湖北北部有一条东西向干线(850 hPa 5℃/100 km)稳定少动,在干线南侧西南暖湿气流逐渐加强,受北侧干空气阻挡,在干线及其北侧形成偏东显著气流,以干舌形式与干线南部湿空气对峙,形成局部锋生,对应暴雨区及其北侧锋生函数明显加强(850 hPa 5→30 K·hPa^{-1}·s^{-3}),促使暴雨区上升运动加强;另外,由于干线南侧低层暖湿空气风速加大,北侧干冷气流下沉,在中层形成次级环流,其上升支与高层次级反环流的上升支在暴雨区上空叠加,形成深厚的上升运动区,触发位势不稳定能量的释放,产生强烈的上升运动。

(2)暴雨发生前6 h,500 hPa江汉平原附近正涡度平流区加强(4×10^{-9}→8×10^{-9} s^{-2})并经过暴雨区上空向东移,促使鄂西南中低层暖切顶部辐合区发展加强(700 hPa涡度 4×10^{-5}→16×10^{-5} s^{-1})。雷达回波也表现为暴雨中心西南侧不断有回波向暴雨区上空发展移动。

(3)暴雨发生时,位于江汉平原南部的中低层西南急流加强(850 hPa风速8→12 m/s),急流出口区左侧有上升运动发展。

(4)暴雨发生前6 h,850 hPa暖平流中心加强(0.5×10^{-5}→1×10^{-5}℃/s),北侧冷平流也加强,大气斜压性增强,暴雨区上空辐合上升运动加强。

(5)暴雨发生前6 h,湖南北部上空散度中心加强北抬至江汉平原(200 hPa散度 4×10^{-5}→10×10^{-5} s^{-1}),高层辐散抽吸作用加强,配合200 hPa次级环流有利于暴雨区上空气流加速流出。

综上所述,本次暴雨是500 hPa正涡度平流区加强东移,促使中低层暖性切变线发展加强,湿度锋区加强,高、低层次级环流上升支叠加,以及高层辐散等动力条件共同作用结果。

4. 水汽条件:

(1)暴雨发生前12 h,在湖北南部边界层有较大范围南北向湿区(925 hPa T_d≥20℃)稳定维持到暴雨发生。

(2)暴雨发生前后,降水中心附近湿平流变化不明显。

(3)暴雨发生前6 h,湖北南部边界层水汽通量散度中心区域(925 hPa −8×10^{-8}→

-16×10^{-8} g $\cdot$ cm^{-2} $\cdot$ hPa^{-1} $\cdot$ s^{-1}）北抬加强，在江汉平原形成较强水汽辐合中心。

5. 不稳定条件：

（1）暴雨发生前 6 h 时，暴雨区上空假相当位温随高度递减（$\Delta\theta_{se(500-850)}\leqslant-8$ K），形成强对流不稳定；

（2）暴雨发生时，在 700 hPa 有湿位涡 MPV$_1$ 项（$\leqslant-0.5$ PVU）负值中心与暴雨区配合，表明边界层湿不稳定能量明显加强；

（3）暴雨发生前 24 h，K 指数大值区（$\geqslant40$℃）始终位于暴雨区上空，一直到暴雨发生后略有减弱（$\geqslant40$℃）。

6. 暴雨落区：

（1）700 hPa、850 hPa 西南急流出口区前侧 50 km 以内；

（2）700 hPa、850 hPa 暖切顶部辐合区内；

（3）925 hPa 冷暖平流零线附近靠近暖湿平流一侧 150 km 以内；

（4）水汽通量散度负值中心与 K 指数大值区重叠区域。

综上所述，暴雨落区位于低层西南急流出口区北侧，暖切变顶部辐合区，冷暖平流零线靠近暖平流一侧，以及水汽通量散度和 K 指数大值中心重合区域。

二、中尺度天气分析参考值

物理量名称	层次(hPa)	参考值	单位及量级	备注
边界层急流	850	$\geqslant12$	m/s	动力
显著气流	850	$\geqslant4$	m/s	动力
散度	200	$\geqslant8$	10^{-5} s^{-1}	动力
涡度	700	$\geqslant16$	10^{-5} s^{-1}	动力
位涡高值区	700	$\geqslant1.5$	PVU	动力
位涡低值区	400	$\leqslant0$	PVU	动力
涡度平流	500	$\geqslant8$	10^{-9} s^{-2}	动力
锋生函数	850	$\geqslant30$	K $\cdot$ hPa^{-1} $\cdot$ s^{-3}	动力
MPV$_2$	700	$\leqslant-0.5$	PVU	动力
冷平流	700	$\leqslant-0.5$	10^{-5}℃/s	动力
暖平流	925	$\geqslant2$	10^{-5}℃/s	动力
干平流	500、700	$\leqslant-3$	10^{-5}℃/s	动力
K 指数	/	$\geqslant40$	℃	不稳定
$\Delta\theta_{se}$	500－850	$\leqslant-8$	K	不稳定
MPV$_1$	700	$\leqslant-0.5$	PVU	不稳定
湿平流	700	$\geqslant2$	10^{-5}℃/s	水汽
湿舌(区)	925	$\geqslant20$	℃	水汽
水汽通量散度	925	$\leqslant-16$	10^{-8}g $\cdot$ cm^{-2} $\cdot$ hPa^{-1} $\cdot$ s^{-1}	水汽

三、中尺度系统三维结构图

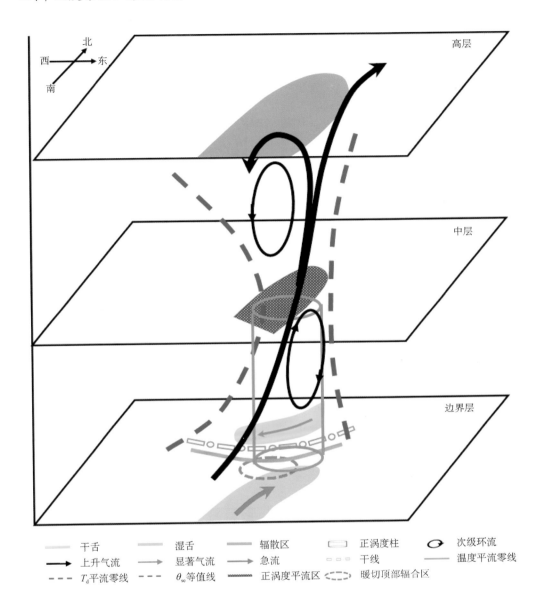

	干舌		湿舌		辐散区		正涡度柱		次级环流
→	上升气流	→	显著气流	→	急流		干线		温度平流零线
--	T_d平流零线	--	θ_{se}等值线		正涡度平流区		暖切顶部辐合区		

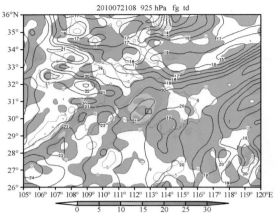

2010 年 7 月 21 日 08 时 925 hPa 露点和锋生函数（单位：℃，K·hPa^{-1}·s^{-3}）

2010 年 7 月 21 日 08 时沿 113°E 露点和流场垂直分布（单位：℃）

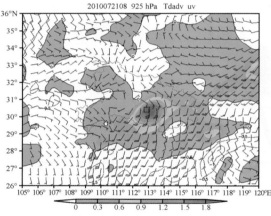

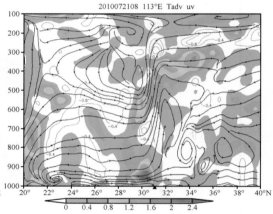

2010 年 7 月 21 日 08 时 925 hPa 露点温度平流（单位：10^{-5}℃/s）

2010 年 7 月 21 日 08 时沿 113°E 温度平流和流场垂直分布（单位：10^{-5}℃/s）

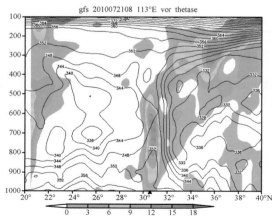

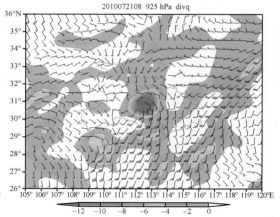

2010 年 7 月 21 日 08 时沿 113°E 涡度和假相当位温垂直分布（单位：10^{-5}s^{-1}，K）

2010 年 7 月 21 日 08 时 925 hPa 水汽通量散度（单位：10^{-8}g·cm^{-2}·hPa^{-1}·s^{-1}）

3.2.9　2011 年 6 月 14 日(咸宁)

编号:20110614-3-09

一、中尺度天气条件及暴雨落区

1. 暴雨中心:咸宁、黄石附近,1 小时最大雨量 35 mm,3 小时最大雨量 77 mm。
2. 主要中尺度天气系统:
(1)850 hPa、925 hPa 干线
(2)500 hPa 正涡度平流区
(3)850 hPa、925 hPa 中尺度低涡
(4)700 hPa 涌线
(5)700 hPa、850 hPa、925 hPa 急流
(6)边界层次级环流
(7)850 hPa、925 hPa 湿舌
(8)850 hPa、925 hPa 干舌
(9)850 hPa、925 hPa 偏东显著气流
3. 动力条件:
(1)暴雨发生前 6 h,鄂西南—江汉平原—鄂东有一条准东西向干线(850 hPa 3℃/100 km)稳定少动,在干线东北侧有一股干空气以干舌形式南压与其前部的湿空气在鄂东对峙,形成锋生,促使暴雨区上升运动加强。随着干线南北的干湿平流加强,锋生加强,对应干线上锋生函数加强(850 hPa 10→20 K·hPa^{-1}·s^{-3}),干线北侧干冷空气加速下沉,南侧暖湿气流上升,在边界层形成次级环流(热力直接环流),其上升支与高层次级反环流的上升支在暴雨区上空叠加,形成深厚的上升运动区,触发位势不稳定能量的释放,产生强烈的上升运动。
(2)暴雨发生前 12 h,500 hPa 湖南北部有正涡度平流经江汉平原逐渐向暴雨区上空移动,促使鄂东南边界层中尺度低涡发展加强(850 hPa 涡度 4×10^{-5}→20×10^{-5} s^{-1})。
(3)暴雨发生前 12 h,位于湖南南部的边界层西南急流逐渐加强(850 hPa 风速 12→22 m/s)并东移北抬至鄂东南南部,急流出口区前侧有风速辐合,造成局地涡度增加,气旋性环流加强,上升运动发展。
(4)暴雨发生前 6 h,850 hPa 暖平流中心加强(1.5×10^{-5}→2×10^{-5}℃/s),北侧冷平流也加强,大气斜压性增强,对应暴雨区上空的 θ_{se} 线呈稍有倾斜的陡立状,倾斜正涡度柱发展,中尺度低涡加强,暴雨区上空辐合上升运动加强;
(5)暴雨发生前 12 h,湖北中部高空有正的散度中心加强东移至鄂东南部(200 hPa 散度 8×10^{-5}→12×10^{-5} s^{-1}),高层辐散抽吸作用加强,配合 200 hPa 高空急流入口区右侧和南亚高压北侧形成次级环流(热力间接环流),促使暴雨区上空气流加速流出,上升运动持续发展。
综上所述,本次暴雨是 500 hPa 正涡度平流区、陡立的 θ_{se} 锋区和加强的边界层中尺度急流等促使边界层中尺度低涡发展加强,湿度锋区加强,高、低层次级环流上升支叠加,高层辐散等动力条件共同作用结果。
4. 水汽条件:
(1)暴雨发生前 12 h,在湖南中北部边界层有一湿舌向鄂东南南部伸展,并维持(850 hPa

$T_d \geqslant 18℃$)少变。

(2)暴雨发生前 12 h,在湿舌内前侧有湿平流明显加强(850 hPa $0.5 \times 10^{-5} \to 1.5 \times 10^{-5}℃/s$),表明有较强水汽向暴雨区输送。

(3)暴雨发生前 12 h,湖南北部边界层水汽通量散度中心区域加强(850 hPa $-12 \times 10^{-8} \to -20 \times 10^{-8} g \cdot cm^{-2} \cdot hPa^{-1} \cdot s^{-1}$)东移北抬,在鄂东南形成较强水汽辐合中心。

5. 不稳定条件:

(1)暴雨发生前 12 h,暴雨区上空假相当位温随高度递减($\Delta\theta_{se(500-850)} \leqslant -4$ K),有较强对流不稳定;

(2)暴雨发生时,在 700 hPa 有湿位涡 MPV_1 项($\leqslant -0.5$ PVU)负值中心与暴雨区配合,表明中层湿不稳定能量明显加强;

(3)暴雨发生前 12 h,K 指数大值区($\geqslant 37℃$)开始向鄂东南南部移动,暴雨区上空不稳定加强。

6. 暴雨落区:

(1)850 hPa、925 hPa 西南急流出口区前侧 50 km 以内;

(2)850 hPa、925 hPa 中尺度低涡中心 50 km 以内;

(3)850 hPa 干湿冷暖平流零线附近靠近暖湿平流一侧 50 km 以内;

(4)850 hPa 水汽通量散度大值中心。

综上所述,暴雨落区位于边界层西南急流出口区前侧,中尺度低涡中心,干湿冷暖平流零线靠近暖湿平流一侧,以及水汽通量散度中心重合区域。

二、中尺度天气分析参考值

物理量名称	层次(hPa)	参考值	单位及量级	备注
边界层急流	850	$\geqslant 22$	m/s	动力
显著气流	850	$\geqslant 12$	m/s	动力
散度	200	$\geqslant 8$	$10^{-5} s^{-1}$	动力
涡度	850	$\geqslant 12$	$10^{-5} s^{-1}$	动力
位涡高值区	850	$\geqslant 1$	PVU	动力
位涡低值区	400	$\leqslant 0$	PVU	动力
涡度平流	500	$\geqslant 5$	$10^{-9} s^{-2}$	动力
锋生函数	850	$\geqslant 20$	$K \cdot hPa^{-1} \cdot s^{-3}$	动力
MPV_2	850	$\leqslant -1.5$	PVU	动力
冷平流	850	$\leqslant -1.5$	$10^{-5}℃/s$	动力
暖平流	850	$\geqslant 1.5$	$10^{-5}℃/s$	动力
干平流	850	$\leqslant -1.5$	$10^{-5}℃/s$	动力
K 指数	/	$\geqslant 36$	℃	不稳定
$\Delta\theta_{se}$	500-850	$\leqslant -2$	K	不稳定
MPV_1	700	$\leqslant -0.5$	PVU	不稳定
湿平流	850	$\geqslant 1.5$	$10^{-5}℃/s$	水汽
湿舌(区)	850	$\geqslant 18$	℃	水汽
水汽通量散度	850	$\leqslant -20$	$10^{-8} g \cdot cm^{-2} \cdot hPa^{-1} \cdot s^{-1}$	水汽

三、中尺度天气系统三维结构图

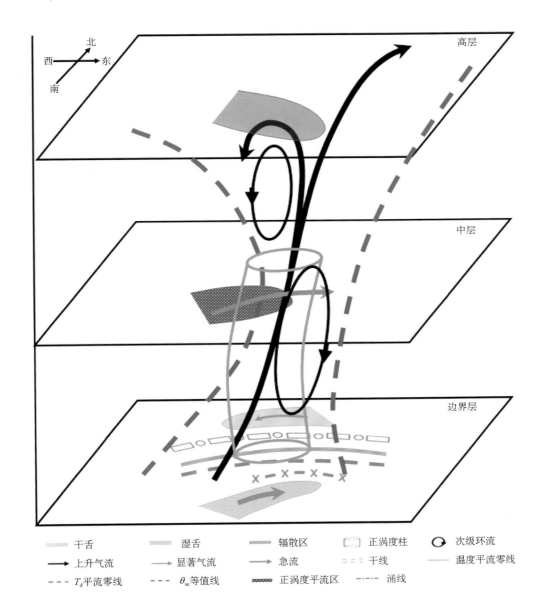

<table>
<tr><td>干舌</td><td>湿舌</td><td>辐散区</td><td>正涡度柱</td><td>次级环流</td></tr>
<tr><td>上升气流</td><td>显著气流</td><td>急流</td><td>干线</td><td>温度平流零线</td></tr>
<tr><td>T_d平流零线</td><td>θ_{se}等值线</td><td>正涡度平流区</td><td>涌线</td><td></td></tr>
</table>

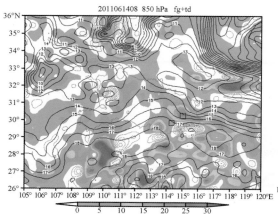

2011 年 6 月 14 日 08 时 850 hPa 露点和锋生函数（单位：℃，K・hPa^{-1}・s^{-3}）

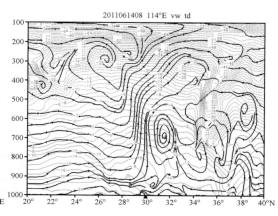

2011 年 6 月 14 日 08 时沿 114°E 露点和流场垂直分布（单位：℃）

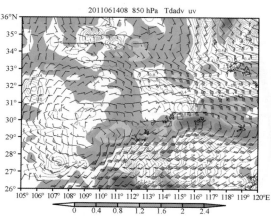

2011 年 6 月 14 日 08 时 850 hPa 湿度平流（单位：10^{-5}℃/s）

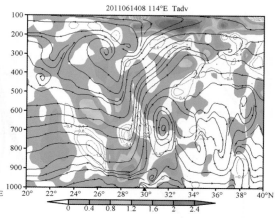

2011 年 6 月 14 日 08 时沿 114°E 温度平流和流场垂直分布（单位：10^{-5}℃/s）

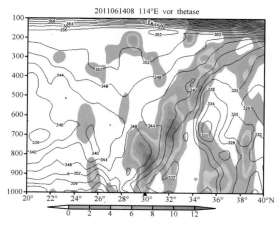

2011 年 6 月 14 日 08 时沿 114°E 涡度和假相当位温垂直分布（单位：10^{-5}s^{-1}，K）

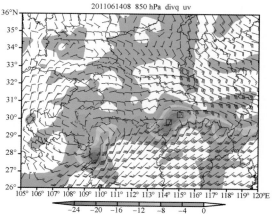

2011 年 6 月 14 日 08 时 850 hPa 水汽通量散度（单位：10^{-8}g・cm^{-2}・hPa^{-1}・s^{-1}）

3.2.10　2011 年 6 月 18 日(潜江)

编号:20110618-3-10

一、中尺度天气条件及暴雨落区

1. 暴雨中心:潜江、武汉附近,1 小时最大雨量 65 mm,3 小时累积雨量最大达 172 mm。
2. 主要中尺度天气系统:
(1)850 hPa、925 hPa 干线
(2)500 hPa 正涡度平流区
(3)850 hPa、925 hPa 中尺度低涡
(4)700 hPa、850 hPa、925 hPa 急流
(5)边界层次级环流
(6)850 hPa、925 hPa 湿舌
(7)925 hPa 干舌
(8)925 hPa 东北显著气流
(9)地面辐合区
3. 动力条件:

(1)暴雨发生前 12 h,河南东南部至江汉平原有一条西南—东北向干线(925 hPa 3℃/100 km)稳定少动,在干线北侧有一股干空气穿过干线,以干舌形式与其前部湿空气交汇对峙,形成局部锋生,对应暴雨区左侧锋生函数加强(925 hPa $15\rightarrow30$ K·hPa^{-1}·s^{-3}),促使暴雨区上升运动加强;另外,由于干线北侧干冷空气加速下沉,南侧暖湿气流上升,在边界层形成次级环流,其上升支与高层次级反环流的上升支在暴雨区上空叠加,形成深厚的上升运动区,触发位势不稳定能量的释放,产生强烈的上升运动。

(2)暴雨发生前 12 h,500 hPa 重庆附近正涡度平流区加强($2\times10^{-9}\rightarrow10\times10^{-9}$ s^{-2})并逐渐向暴雨区上空移动,促使江汉平原南部边界层中尺度低涡发展加强(925 hPa 涡度 $4\times10^{-5}\rightarrow20\times10^{-5}$ s^{-1})。

(3)暴雨发生前 12 h,位于湖南东部的边界层西南急流加强(925 hPa 风速 $10\rightarrow18$ m/s)并北抬至江汉平原南部,急流出口区左侧有上升运动发展。

(4)暴雨发生前 6 h,850 hPa 暖平流中心加强($1.5\times10^{-5}\rightarrow2.5\times10^{-5}$ ℃/s),北侧冷平流也加强,大气斜压性增强,对应暴雨区上空的 θ_{se} 线呈稍有倾斜的陡立状,正涡度柱发展,暴雨区上空辐合上升运动加强。

(5)暴雨发生前 4 h,在地面东北方向、西北方向和偏南方向有三支显著气流在江汉平原南部汇合,其汇合区明显加强(正涡度中心 $6\times10^{-5}\rightarrow12\times10^{-5}$ s^{-1}),导致低层扰动加强。

(6)暴雨发生前 6 h,湖南北部上空散度中心加强北移至江汉平原南部(200 hPa 散度 $10\times10^{-5}\rightarrow25\times10^{-5}$ s^{-1}),高层辐散抽吸作用加强,配合 200 hPa 次级环流,有利于暴雨区上空气流加速流出。

综上所述,本次暴雨是 500 hPa 正涡度平流区加强东移,促使边界层低涡发展,湿度锋区加强,高、低层次级环流上升支叠加,以及地面气流汇合、高层辐散等动力条件共同作用结果。

4. 水汽条件:

(1)暴雨发生前 12 h,在湖南中部边界层有一湿舌向江汉平原南部伸展,并维持(925 hPa $T_d \geqslant 20$℃)少变。

(2)暴雨发生前 12 h,在湿舌内有湿平流明显加强(925 hPa $0.5 \times 10^{-5} \rightarrow 1 \times 10^{-5}$ ℃/s),表明有较强水汽向暴雨区输送。

(3)暴雨发生前 12 h,湖南北部边界层水汽通量散度中心区域(925 hPa $-6 \times 10^{-8} \rightarrow -12 \times 10^{-8} \times 10^{-5}$ g·cm^{-2}·hPa^{-1}·s^{-1})加强北抬,在江汉平原及鄂东北形成较强水汽辐合中心。

5. 不稳定条件:

(1)暴雨发生前 12 h,暴雨区上空假相当位温随高度递减($\Delta \theta_{se(500-850)} \leqslant -2$ K),维持较强对流不稳定;

(2)暴雨发生时,在 925 hPa 有湿位涡 MPV$_1$ 项($\leqslant -0.5$ PVU)负值中心与暴雨区配合,表明边界层湿不稳定能量明显加强;

(3)暴雨发生前 6 h,K 指数大值区($\geqslant 39$℃)开始向江汉平原南部移动,暴雨区上空不稳定加强。

6. 暴雨落区:

(1)850 hPa、925 hPa 西南急流出口区左侧 50 km 以内;

(2)850 hPa、925 hPa 中尺度低涡中心右前方 50 km 以内(暖切顶部);

(3)地面气流汇合区中心附近;

(4)925 hPa 干湿冷暖平流零线附近靠近暖湿平流一侧 50 km 以内;

(5)水汽通量散度大值中心与 K 指数大值区重叠区域。

综上所述,暴雨落区位于边界层西南急流出口区左侧,中尺度低涡中心右前方,地面气流汇合区中心,干湿冷暖平流零线靠近暖湿平流一侧,以及水汽通量散度和 K 指数大值中心重合区域。

二、中尺度天气分析参考值

物理量名称	层次(hPa)	参考值	单位及量级	备注
边界层急流	925	$\geqslant 18$	m/s	动力
显著气流	925	$\geqslant 22$	m/s	动力
散度	200	$\geqslant 25$	10^{-5} s^{-1}	动力
涡度	925	$\geqslant 20$	10^{-5} s^{-1}	动力
位涡高值区	200	$\geqslant 2.5$	PVU	动力
位涡低值区	200	$\leqslant -0.2$	PVU	动力
涡度平流	500	$\geqslant 10$	10^{-9} s^{-2}	动力
锋生函数	925	$\geqslant 30$	K·hPa^{-1}·s^{-3}	动力
MPV$_2$	850	$\leqslant -1$	PVU	动力
冷平流	925	$\leqslant -1.5$	10^{-5} ℃/s	动力
暖平流	925	$\geqslant 2.5$	10^{-5} ℃/s	动力
干平流	925	$\leqslant -1.5$	10^{-5} ℃/s	动力

续表

物理量名称	层次(hPa)	参考值	单位及量级	备注
K 指数	/	$\geqslant 39$	℃	不稳定
$\Delta\theta_{se}$	500－850	$\leqslant -2$	K	不稳定
MPV_1	925	$\leqslant -0.5$	PVU	不稳定
湿平流	925	$\geqslant 0.5$	10^{-5}℃/s	水汽
湿舌(区)	925	$\geqslant 20$	℃	水汽
水汽通量散度	925	$\leqslant -12$	10^{-8}g・cm^{-2}・hPa^{-1}・s^{-1}	水汽

三、中尺度天气系统三维结构图

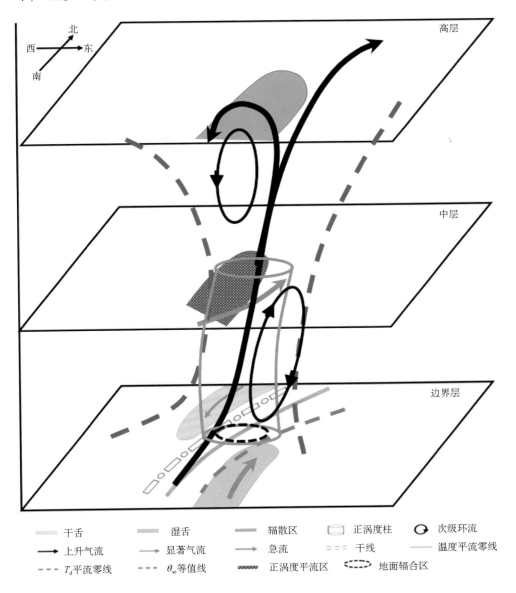

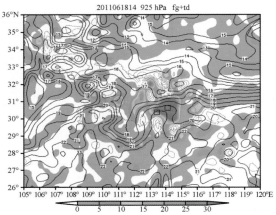

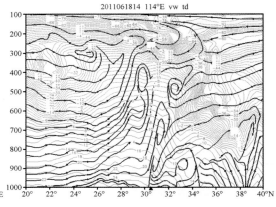

2011 年 6 月 18 日 14 时 925 hPa 露点和锋生函数(单位:℃,K·hPa⁻¹·s⁻³)

2011 年 6 月 18 日 14 时沿 114°E 露点和流场垂直分布(单位:℃)

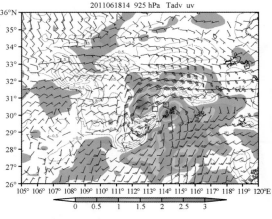

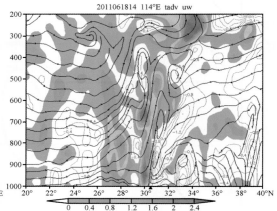

2011 年 6 月 18 日 14 时 925 hPa 温度平流(单位:10⁻⁵℃/s)

2011 年 6 月 18 日 14 时沿 114°E 温度平流和流场垂直分布(单位:10⁻⁵℃/s)

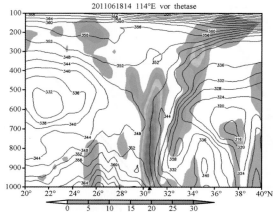

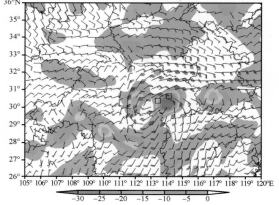

2011 年 6 月 18 日 14 时沿 114°E 涡度和假相当位温垂直分布(单位:10⁻⁵s⁻¹,K)

2011 年 6 月 18 日 14 时 925 hPa 水汽通量散度(单位:10⁻⁸g·cm⁻²·hPa⁻¹·s⁻¹)

第四章　暖干型中尺度暴雨分析

4.1　暖干中尺度暴雨合成分析

4.1.1　降水特征

根据湖北省县级以上 84 个站点逐小时降水资料,分析了 2008—2011 年 10 个暖干型中尺度暴雨个例降水特征(见表 4.1)。1 小时最大雨量极大值为 86 mm、平均 48 mm、极小值 31 mm;3 小时最大累积雨量最大值为 96 mm、平均 68 mm、最小值 55 mm,且 70.5 %的雨量是在 1 小时内发生的;雨强超过 20 mm/h 的持续时间一般 1～3 h。从 24 小时暴雨范围来看,多数个例暴雨范围在 1 万平方千米以下,发生点比较集中。因此,暖干型中尺度暴雨具有持续时间短、雨强大、局地性强的显著特征。

表 4.1　暖干型中尺度暴雨 10 个个例降水特征统计

过程时间	暴雨中心	单站≥20 mm/h 降水持续时间(h)	≥10 mm/h 过程持续时间(h)	1 小时最大雨量(mm)	3 小时最大雨量(mm)
20080419	恩施	3	3	35	69
20080606	三峡	1	2	56	67
20080720	长阳	3	4	31	67
20090617	枝江	1	3	45	73
20090731	钟祥	2	2	45	72
20100703	长阳	1	2	44	55
20100716	孝昌	1	1	86	96
20100722	通山	1	1	56	57
20100818	宜昌	1	1	49	56
20110810	浠水	2	2	37	72

4.1.2　大尺度环流背景

从 200 hPa 合成分析场看(图 4.1a),随着暴雨的临近,南亚高压有东移加强的趋势。暴雨区位于南亚高压脊线北侧 300～400 km 附近的西北气流中,反气旋曲率明显,散度值≥0.3× 10^{-5} s $^{-1}$,高层辐散有利于上升气流的维持和加强。500 hPa 图上(图 4.1b),暴雨发生前后,暴雨区始终位于副热带高压586 dagpm线西北侧100 km附近,588 dagpm线在暴雨发生前明显西伸,暴雨发生后迅速东撤。西风槽在暴雨发生前12 h缓慢东移,前6 h内受副热带高压西伸顶托作用而少动加深。根据梯度风平衡原理,低值系统与深厚的副热带高压系统的加强、对峙,必然会促进中低层南风的逐步发展,有利于水汽向暴雨区输送。

分析700 hPa及以下层次风场发现(图略),暴雨发生前中低层西南风风速很小。随着暴雨临近,风速趋于增大,暴雨就发生在加强中的南风气流中。边界层暖式切变线多表现为东南风与南风或西南风之间的辐合,不同于长江流域梅雨锋所表现的东北风与西南风之间切变辐合。但从总体上看,暖干型中尺度暴雨发生前后,中低层风速较小,最大8 m/s左右,没有显著西南低空急流。因此,暖干型暴雨天气形势配置不利于能量和水汽的大范围集中,所造成的强降水范围也相对较小。

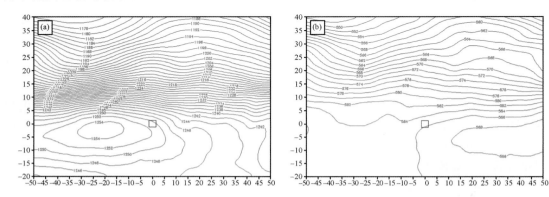

图4.1　暴雨发生时200 hPa(a)、500 hPa(b)高度场和风场合成图(单位:dagpm)

(黑色小方框为暴雨区,下同)

4.1.3　中尺度分析

4.1.3.1　动力条件

(1)暖性干线

分析500 hPa露点和风场合成图(图4.2a,b)可知,暴雨发生前,在暴雨区东南方副热带高压稳定少动,其西侧偏南气流将干暖空气向北输送,配合西风带小槽东移影响,在暴雨区东南侧形成一条西南—东北向干线,T_d梯度为6 ℃/100 km,干线主要体现在700～400 hPa。在暴雨发生前6 h,干线已出现于暴雨区东南侧,T_d梯度为4 ℃/100 km。随着暴雨的临近,干线走向不变,进一步逼近暴雨区。

在不考虑非绝热加热情况下,以T_d作为露点锋锋生参数,计算分析了500 hPa锋生函数(用F表示,下同),如图4.2c、4.2d所示,暴雨发生前6 h,暴雨区$F \geqslant 5$ K·hPa^{-1}·s^{-3};暴雨发生时,露点锋锋生强度维持,暴雨区仍然$F \geqslant 5$ K·hPa^{-1}·s^{-3},这种中层干线持续锋生有利于暴雨区上升运动发展加强。暴雨发生后F迅速减小。

(2)正涡度平流

根据涡度平流与V-W环流垂直剖面图(图4.3a、b)分析可知,500～200 hPa有一次级环流自南向北发展,这是由水平环流(对流层中层副热带高压西侧的偏南风与高层南亚高压东侧

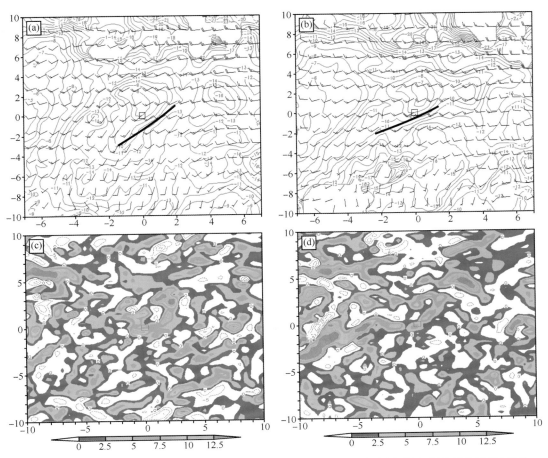

图 4.2 暴雨发生前 6 h(a)、暴雨发生时(b)露点(单位：℃)与风场合成图(黑色粗实线为干线)以及暴雨发生前 6 h(c)、暴雨发生时(d)锋生函数(单位：K · hPa^{-1} · s^{-3})

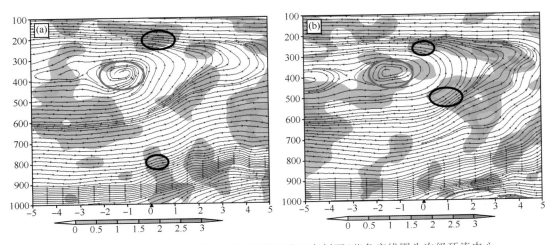

图 4.3 涡度平流(单位：10^{-9} s^{-2})与 V-W 环流经向剖面(蓝色实线圈为次级环流中心，黑色实线圈为暴雨区上空正涡度平流核；小黑三角为暴雨发生区，下同)

(a)暴雨发生前 6 h,(b)暴雨发生时

的偏北风)与垂直运动所构成,位于次级环流的右上侧(200 hPa 南亚高压东北象限)、右下侧(500 hPa 副热带高压西南象限)多出现正涡度平流中心(下简称"正涡度平流核")。暴雨发生前 6 h,暴雨区上空 800 hPa、200 hPa 均有正涡度平流核活动,这种配置使得中低层涡度平流随高度增加而减小,中高层涡度平流随高度增加而增大,中低层、中高层所导致的下沉、上升运动不一致,不利于暴雨区上升运动的发展;暴雨发生时,正涡度平流核主要出现在 500～200 hPa,中低层均为负涡度平流或弱的正涡度平流,这种中高层气旋性涡度增加,在地转偏向力的作用下,会引起中高层气流向外辐散,同时 $\theta_{se(500-850)}$ 也转为正值,因此,这种上下涡度配置有利于促进暴雨区上升运动的发展。

综上所述,暖干型中尺度暴雨发生、发展过程中,正涡度平流并不是大范围出现,而是以正涡度平流核的形式出现,并且随着风场流转暴雨区上空各层涡度平流配置快速发生变化,导致上升运动突然加强,也是该型暴雨范围小持续时间的主要原因之一。

（3）暖平流

通过温度平流与 V-W 环流沿暴雨中心的垂直剖面图分析可知:暴雨发生前 12 h(图 4.4a),暴雨区上空 850～200 hPa 已出现一致暖平流,850 hPa 以下为冷平流,中低层暖平流随高度增加而增长使得等压面降低,在气压梯度力作用下产生水平辐合,导致地面气压升高,不利于触发暴雨区上升运动;暴雨发生前 6 h(图 4.4b),暴雨区上空暖平流进一步扩展加强,整层为暖平流,暖平流强中心仍位于中高层,仍不利于上升运动的发展;暴雨发生时(图 4.4c),由于低层南风的进一步发展,850 hPa 以下出现了强暖平流中心,如 925 hPa 暖平流 $\geq 0.5 \times 10^{-5}$ ℃/s,与此同时,中高层暖平流在减弱,形成了暖平流随高度减弱的配置,这种受强暖平流中心热力强迫作用,边界层等压面降低,辐合加强,中高层等压面升高,辐散加强。从 500 hPa 高度场(图略)和散度剖面图(图 4.4d)上也清晰可见,至暴雨发生时刻,暴雨区上空 500 hPa 位势高度略有升高,600 hPa 以上基本为辐散区控制,850 hPa 以下为强的辐合中心,因而导致了上升运动显著发展。

从暖平流水平分布上看(图略),暖平流强中心尤其是 950 hPa 上下,与暴雨点位置较一致,对暖干型中尺度暴雨预报有很好的指示意义。

（4）湿舌和干区

图 4.5 是各等压面露点合成图,可见湿舌主要存在于 700 hPa 以下各层,并随着暴雨临近自西南向东北发展,暴雨区位于湿舌的南侧,其 T_d 值在暴雨发生时达到最大,850 hPa T_d 达 17 ℃。700 hPa 上,在湿舌南侧干湿对比最为明显,干区出现在湿舌东南方,这与干空气由中高层自东南方侵入有关;暴雨发生前 6 h,暴雨区附近湿舌已形成,700 hPa 露点锋锋生函数 $F \geq 2.5$ K·hPa^{-1}·s^{-3};到暴雨发生时,湿舌进一步加强,湿舌南侧 T_d 等值线更密集,$F \geq 5$ K·hPa^{-1}·s^{-3},局部露点锋锋生明显加强。总之,暖干型中尺度暴雨中低层湿舌的作用,一是输送水汽,二是与干区配合形成局部露点锋锋生,促进上升运动发展。

（5）地面辐合线

中尺度抬升机制是触发强对流天气的必要条件,尤其是近地面中尺度抬升作用不可忽视。统计表明,在 10 个暖干型中尺度暴雨个例中,地面风场均提前 2～3 h 出现辐合线或气流汇合区。雷达监测显示表明,当零散回波移至地面辐合线或辐合区附近时,对流回波将迅速发展。下面,具体分析 2010 年 8 月 18 日宜昌中尺度暴雨个例中地面辐合线与雷达回波演变特征。

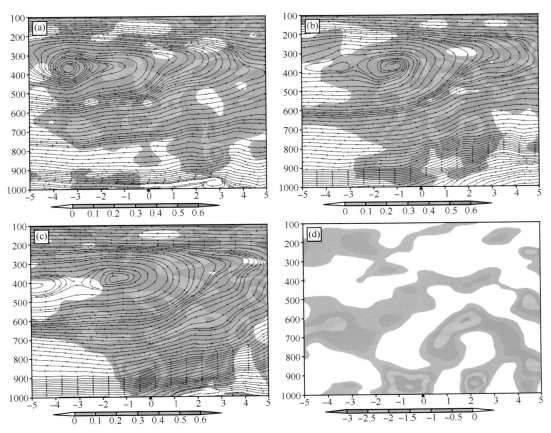

图 4.4 温度平流(单位:10^{-5}℃/s)与 V-W 环流经向剖面

(a)暴雨发生前 12 h;(b)暴雨发生前 6 h;(c)暴雨发生时;(d)暴雨发生时散度剖面(单位:10^{-5}s^{-1})

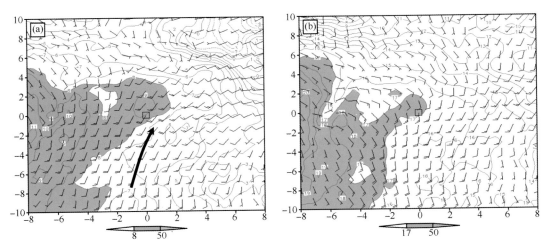

图 4.5 暴雨发生时露点(单位:℃)和风场合成图(黑色箭头为显著气流)

(a)700 hPa,(b)850 hPa

2010 年 8 月 18 日 14：00—17：00，宜昌城区出现了 56 mm 强降水，其中 15：00—16：00 为 49 mm，此次强降水时间短、局地性强，仅宜昌城区降水超过 20 mm。自动站风场资料显示，14 时宜昌附近出现西北风和偏东风之间的辐合线，但没有出现降水，16 时宜昌及其以东站点风向由偏东风转为东南风，风速有所加强，表明宜昌附近辐合加强。雷达回波监测显示，14 时宜昌西南方向开始出现分散性降雨回波，强度大多在 30 dBz 以下(图 4.6a)，在高空西南气流引导下，零散回波向东北移动，靠近宜昌站时回波迅速合并增强，15：36 最强达 57 dBz 以上(图 4.6b)，回波移过宜昌站后即迅速减弱。因此，地面辐合线产生的抬升作用对宜昌暴雨发展加强起到了很重要作用。

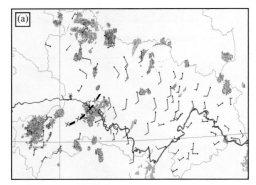

图 4.6 (a)18 日 14 时雷达组合反射率和 14 时自动站风场叠加图，
(b)15：36 雷达组合反射率和 16 时自动站风场叠加图(━×━× 为辐合线)

4.1.3.2 水汽条件

950 hPa 水汽通量散度场显示(图 4.7)，暴雨发生前 6 h，暴雨区已存在水汽通量辐合中心，其中心强度 $\leqslant -1.5 \times 10^{-8} \mathrm{g} \cdot \mathrm{cm}^{-2} \cdot \mathrm{hPa}^{-1} \cdot \mathrm{s}^{-1}$；暴雨发生时，暴雨区水汽通量辐合中心进一步加强至 $-3 \times 10^{-8} \mathrm{g} \cdot \mathrm{cm}^{-2} \cdot \mathrm{hPa}^{-1} \cdot \mathrm{s}^{-1}$；暴雨发生后，暴雨区出现辐散。结合边界层

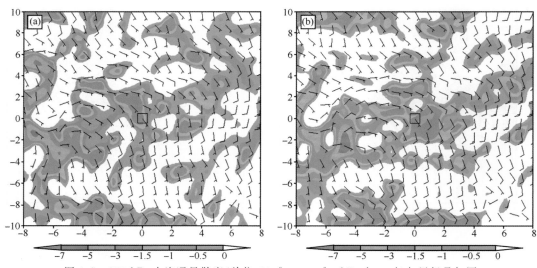

图 4.7 950 hPa 水汽通量散度(单位：$10^{-8} \mathrm{g} \cdot \mathrm{cm}^{-2} \cdot \mathrm{hPa}^{-1} \cdot \mathrm{s}^{-1}$)与风场叠加图
(a)暴雨发生前 6 h，(b)暴雨发生时

其他层次分析发现,水汽通量辐合中心与暴雨发生区均有很好的对应关系。

4.1.3.3 不稳定条件

从 $\theta_{se(500-850)}$ 来看(图略),暴雨发生前 6 h,$\theta_{se(500-850)}$ 已达到-7.63 K,临近暴雨发生时变成-8.72 K,表明大气对流不稳定性较强,有利于暴雨发生。表 4.2 列出了 500 和 850 hPa 的温度、露点、假相当位温要素的变化,由表可见,暴雨发生前 6 h 到暴雨发生时,500 hPa 温度增长、露点降低,假相当位温略有下降,干空气侵入抵消了暖空气的不利影响;而 850 hPa 温度、露点呈增高趋势,假相当位温也增大,因此,导致了大气层结对流不稳定性增强,其主要原因是由于中层弱的干空气侵入以及低层暖湿空气加强。

表 4.2 暴雨发生前 6 h 及发生时 500 hPa、850 hPa 暴雨区温度、露点、假相当位温

	层次(hPa)	T(℃)	T_d(℃)	θ_{se}(K)
暴雨发生前 6 h	500	-3.93	-7.87	342.55
	850	19.94	16.95	350.18
暴雨发生时	500	-3.90	-7.92	342.53
	850	20.11	17.26	351.25

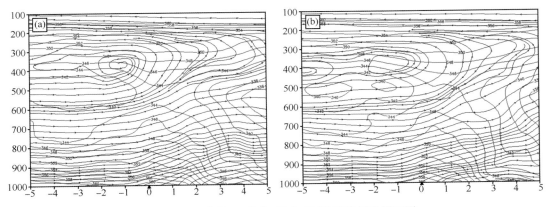

图 4.8 假相当位温(单位:K)与 V-W 环流经向剖面图
(a)暴雨发生前 6 h,(b)暴雨发生时

进一步通过 θ_{se} 与 V-W 环流剖面分析可知,由于 500 hPa 干空气自南向北侵入,500 hPa 附近存在明显 θ_{se} 低值中心($\leqslant$342 K)向北逼近暴雨区,因此,中层干空气侵入对暴雨区对流不稳定的持续增长起到了重要作用。

4.1.4 暴雨落区

综合以上分析,基于暴雨发生所必需的动力、水汽、不稳定三大基本条件,根据叠套法确定出暴雨落区:

(1)500 hPa 干线北侧 100 km 内,干平流中心附近($\leqslant-1\times10^{-5}$℃/s)。

(2)700 hPa、850 hPa 湿舌南侧(700 hPa $T_d\geqslant9$ ℃,850 hPa $T_d\geqslant17$ ℃)。

(3)边界层暖平流中心附近(925 hPa 暖平流$\geqslant0.5\times10^{-5}$℃/s)。

(4)地面辐合线或气流汇合区。

(5)边界层水汽通量辐合中心(950 hPa 水汽通量散度$\leqslant -1.5 \times 10^{-8}$ g · cm^{-2} · hPa^{-1} · s^{-1})、$\theta_{se(850-500)}$大值区($\geqslant 8$ k)和 K 指数大值区($\geqslant 38$ ℃)。

此外,当 975 hPa 水汽通量散度$\leqslant -12 \times 10^{-8}$ g · cm^{-2} · hPa^{-1} · s^{-1},可能出现 3 小时 100 mm 以上降水。

总之,暖干型中尺度暴雨发生在 500 hPa 干线北侧 100 km 内,500 hPa 干平流中心附近、湿舌南侧、边界层暖平流中心附近,以及地面辐合线或气流汇合区、边界层水汽通量辐合中心和 K 指数大值区等重合区域。

4.1.5　中尺度天气分析思路

通过对暖干型中尺度暴雨发生发展的动力、水汽、不稳定条件分析,总结得出该型暴雨中尺度天气分析主要思路:

(1)关注大尺度背景场。尤其要关注副热带高压和低槽的动态演变,西风带短波槽东移配合副热带高压的西伸,有利于自南向北侵入的干暖空气在 586 线附近形成干线。

(2)关注中层干线及其附近干平流中心。露点锋生会加强上升运动的发展,干空气的侵入会进一步加强对流不稳定的发展。

(3)关注西风带小波动向副热带高压靠近。槽前西南气流易出现快速流动的正涡度平流核,会引起上升运动的突然加强。

(4)关注边界层南风发展带来的强暖平流。热力强迫导致低值系统辐合显著加强。

(5)关注地面辐合线或气流汇合区。近地面中尺度抬升作用易触发强对流。

(6)关注 700 hPa 以下湿舌的分析。其作用一是提供水汽,二是与南侧干区配合形成局部锋生,促进上升运动的发展,其湿舌南侧易发生暴雨。

(7)关注边界层水汽通量辐合中心的分析。水汽辐合是产生暴雨的必要条件。

(8)关注暴雨发生前期$\theta_{se(500-850)}$大值区和 K 指数大值区域。这里是不稳定能量充足的地区。

(9)综合以上动力、水汽、不稳定条件分析,利用叠套法最终判断中尺度暴雨落区。

4.1.6　结论

本节通过对 2008—2011 年湖北 10 个暖干型中尺度暴雨个例进行合成分析研究,总结得出以下主要结论:

(1)暖干型中尺度暴雨持续时间短、雨强大、局地性强。

(2)从大尺度环流形势上看,该型暴雨发生于 200 hPa 南亚高压东北部的分流辐散区、500 hPa 副热带高压西北侧 586 线附近,以及边界层暖式切变区。

(3)500 hPa 副热带高压西侧偏南干暖空气向北输送,配合西风带短波槽东移影响,形成一条西南—东北向暖性干线,其露点锋锋生有利于上升运动发展。

(4)该型正涡度平流以正涡度平流核的形式出现,并且暴雨区上空各层涡度平流配置快速发生变化,容易引起上升运动的突然加强。

(5)暖平流从中高层扩展至整层,强暖平流中心也逐渐有中层转移到边界层,由于热力强迫导致了低层强辐合,950 hPa 附近强暖平流中心与暴雨位置较一致,对该型暴雨落区预报有很好的指示意义。

（6）地面辐合线或气流汇合区形成的近地面抬升对该型暴雨有很重要触发作用，雷达回波表现为零散弱回波在此合并加强。

（7）700 hPa 以下各层湿舌，一方面水汽输送充分，另一方面在 700 hPa 与干区配合形成局部锋生，促进上升运动的发展，湿舌南侧是该型暴雨发生区。

（8）边界层水汽通量辐合中心与暴雨发生区有很好的对应关系。

（9）中层干空气、低层暖湿空气的侵入是暴雨区层结对流不稳定增长的主要影响因素，均与副高的西伸发展有关。

4.2　暖干中尺度暴雨典型个例诊断分析

4.2.1　2008 年 4 月 19 日（恩施）

编号：20080419-4-01

一、中尺度天气条件及暴雨落区

1. 暴雨中心：恩施，1 小时最大雨量 35 mm，3 小时累积最大雨量 69 mm。

2. 主要中尺度系统：

（1）500 hPa 干线

（2）500 hPa 正涡度平流区

（3）700 hPa、850 hPa、925 hPa、975 hPa 暖平流区

（4）850 hPa 急流

（5）850 hPa、925 hPa、975 hPa 暖切顶部辐合区

（6）850 hPa、925 hPa 湿舌

（7）地面辐合线

3. 动力条件：

（1）暴雨发生前 12 h，500 hPa 重庆南部有一条西北—东南走向的干线向东北移动，到暴雨发生前 6 h 移至恩施西侧并加强（5→7 ℃/100 km），干暖空气自西南向东北穿过干线进入湿区，一是促使中层锋生（500 hPa 0→20 K·hPa^{-1}·s^{-3}），促进暴雨区中尺度对流发生发展，同时从雷达反射率图也显示回波在恩施西侧出现并向暴雨区传播加强（20→50 dBz）；二是促使暴雨区中层出现干平流中心（500 hPa 1×10^{-5}→−5×10^{-5}℃/s），θ_{se} 值下降（500 hPa 333→331 K），有利于加强暴雨区上空对流不稳定。

（2）暴雨发生前 12 h，850 hPa 重庆附近西北—东南走向正涡度平流区逐渐加强并向暴雨区上空移动（3×10^{-9}→6×10^{-9} s^{-2}）；暴雨发生前 6 h，975 hPa 有暖平流中心自湘西北移至暴雨区（0.6×10^{-5}℃/s）；正涡度平流区和暖平流中心的强迫作用加强了边界层暖切顶部的辐合（975 hPa 散度 1×10^{-5}→−3×10^{-5} s^{-1}）。

（3）暴雨发生前 6 h，位于湘西北的 850 hPa 西南急流逐步发展北抬至江汉平原北部（6→14 m/s），急流出口区左侧有强气旋性切变，促进了暴雨区辐合上升运动的发展。

（4）暴雨发生前 3 h，恩施附近出现地面辐合线（散度中心 −6×10^{-5} s^{-1}），触发了中尺度对流。

（5）暴雨发生前 12 h，恩施地区上空出现散度高值中心并逐渐加强（200 hPa 1×10^{-5}→

$3 \times 10^{-5} s^{-1}$），高层辐散抽吸作用加强。

综上所述，本次暴雨是由 500 hPa 干线加强对流不稳定，同时正涡度平流和暖平流的强迫作用促使暴雨区边界层低值系统发展，地面辐合线触发中尺度对流而形成的，中层干线锋生、高层辐散、边界层急流加强等共同作用促进了中尺度对流系统进一步发展。

4. 水汽条件：

（1）暴雨发生前 6 h，湘西北边界层有一湿舌向恩施地区伸展（850 hPa $T_d \geqslant 15 ℃$）。

（2）暴雨发生前 6 h，湿舌内湿平流明显加强（850 hPa $1 \times 10^{-5} \to 2 \times 10^{-5} ℃/s$）。

（3）暴雨发生前 6 h，鄂西南边界层出现水汽通量散度辐合区并加强（850 hPa $-8 \times 10^{-8} \to -10 \times 10^{-8} g \cdot cm^{-2} \cdot hPa^{-1} \cdot s^{-1}$）。

5. 不稳定条件：

（1）暴雨发生前 6 h，暴雨区边界层增温增湿、中层有干空气进入，$\Delta\theta_{se(500-850)}$ 显著变小（$4 \to -6$ K），对流不稳定增强；

（2）暴雨发生时，在 925 hPa 有湿位涡 MPV_1 项（$\leqslant -0.6$ PVU）负值中心与暴雨区配合，表明湿不稳定能量明显加强；

（3）暴雨发生前 12 h，暴雨区持续增温增湿 K 指数增大（$33 \to 38 ℃$），暴雨区对流不稳定加强。

6. 暴雨落区：

（1）中层干线北侧 50 km 以内；

（2）850 hPa 西南急流出口区左前侧 50 km 以内；

（3）850 hPa、925 hPa、975 hPa 暖切顶部辐合区；

（4）地面辐合线上；

（5）925、850 hPa 干湿平流零线附近靠近湿平流一侧 50 km 以内；

（6）925、975 hPa 冷暖平流零线附近靠近暖平流一侧 50 km 以内；

（7）水汽通量散度大值中心与 K 指数大值区重叠区域。

综上所述，暴雨落区位于 850 hPa 西南急流出口区左前侧，850 hPa、925 hPa 暖切顶部，地面辐合线上，边界层干湿平流零线湿平流一侧、冷暖平流零线暖平流一侧，中层干线北侧，以及水汽通量散度与 K 指数大值区重叠区域。

二、中尺度天气分析参考值

物理量名称	层次(hPa)	参考值	单位及量级	备注
边界层急流	850	$\geqslant 14$	m/s	动力
显著气流	\	\	m/s	动力
散度	200	$\geqslant 3$	$10^{-5} s^{-1}$	动力
位涡高值区	350	$\geqslant 1.2$	PVU	动力
位涡低值区	925	$\leqslant 0.4$	PVU	动力
涡度平流	500	$\geqslant 6$	$10^{-9} s^{-2}$	动力
锋生函数	500	$\geqslant 20$	$K \cdot hPa^{-1} \cdot s^{-3}$	动力
MPV_2	850	$\leqslant -0.4$	PVU	动力
冷平流	\	\	$10^{-5} ℃/s$	动力
暖平流	975	$\geqslant 0.6$	$10^{-5} ℃/s$	动力
干平流	500	$\leqslant -5$	$10^{-5} ℃/s$	动力

续表

物理量名称	层次(hPa)	参考值	单位及量级	备注
K 指数	\	$\geqslant 38$	℃	不稳定
$\Delta\theta_{se}$	500－850	$\leqslant -6$	K	不稳定
MPV_1	600	$\leqslant -0.6$	PVU	不稳定
湿平流	850	$\geqslant 2$	10^{-5}℃/s	水汽
湿舌（区）	850	$\geqslant 15$	℃	水汽
水汽通量散度	850	$\leqslant -10$	$10^{-8} g \cdot cm^{-2} \cdot hPa^{-1} \cdot s^{-1}$	水汽

三、中尺度天气系统三维结构图

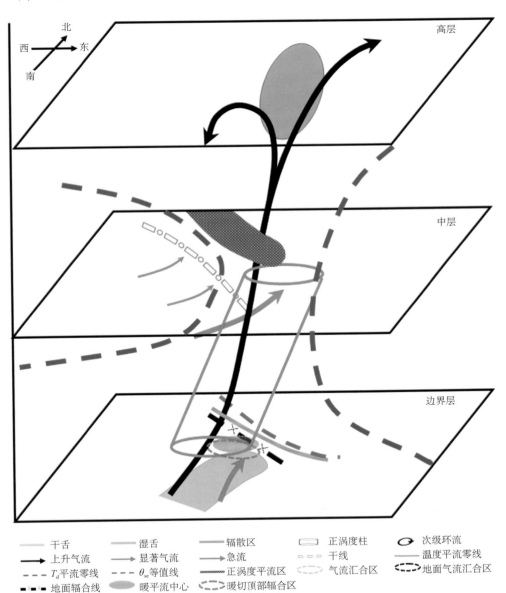

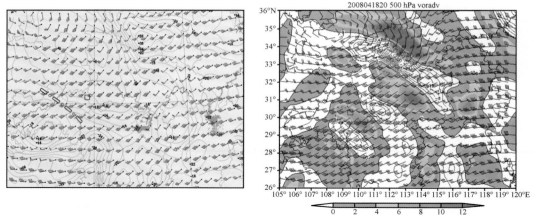

2008 年 4 月 18 日 20 时 500 hPa 露点、风场及干线(单位:℃)

2008 年 4 月 18 日 20 时 500 hPa 涡度平流(单位:10^{-9} s^{-2})

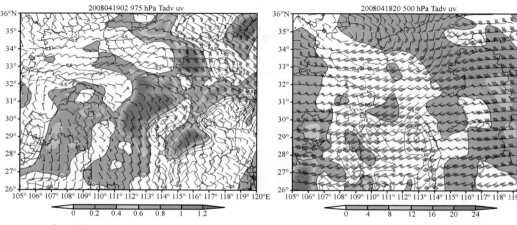

2008 年 4 月 19 日 02 时 975 hPa 温度平流(单位:10^{-5} ℃/s)

2008 年 4 月 18 日 20 时 500 hPa 温度平流(单位:10^{-5} ℃/s)

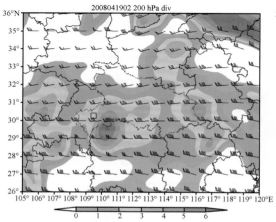
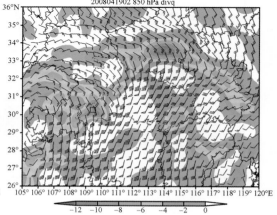

2008 年 4 月 19 日 02 时 200 hPa 散度(单位:10^{-5} s^{-1})

2008 年 4 月 19 日 02 时 850 hPa 水汽通量散度(单位:10^{-8} g · cm^{-2} · hPa^{-1} · s^{-1})

4.2.2 2008年6月6日(三峡)

编号:20080606-4-02

一、中尺度天气条件及暴雨落区

1. 暴雨中心:三峡,1小时最大雨量56 mm,3小时累积最大雨量67 mm。

2. 主要中尺度天气系统:

(1)700 hPa、850 hPa、925 hPa干线

(2)500 hPa正涡度平流区

(3)边界层次级环流

(4)950 hPa急流

(5)850 hPa、925 hPa湿舌

(6)850 hPa、925 hPa干舌

(7)850 hPa、925 hPa暖平流中心

(8)850 hPa暖切顶部

(9)地面辐合线

3. 动力条件:

(1)暴雨发生前2 h,荆州—松滋—五峰一带有西南—东北向干线(700 hPa 4℃/100 km)缓慢向西北移动,干暖空气自东南向西北穿过干线,形成局部锋生(700 hPa 15→30 K·hPa^{-1}·s^{-3}),促进暴雨区中尺度对流发展加强,同时从雷达反射率图也显示有回波在暴雨区出现并加强(0→50 dBz)。

(2)暴雨发生前8 h,边界层在谷城—枣阳一带有西南—东北向干线(925 hPa 4℃/100 km)向南移动,干线北侧干冷空气(925 hPa 14 m/s)向南侵入(925 hPa 12 m/s),在暴雨区附近形成干、湿舌对峙,锋生加强了上升运动(925 hPa 10→30 K·hPa^{-1}·s^{-3})。同时,干线北侧干冷空气加速下沉,南侧暖湿气流上升,在边界层形成次级环流,其上升支与暴雨区上升气流叠加,进一步加强上升运动。

(3)暴雨发生前8 h,500 hPa川鄂交界有一条西北—东南向带状正涡度平流区缓慢东移,暴雨区上空正涡度平流加强(0→2×10^{-9} s^{-2});同时,850 hPa湘北有暖平流中心北抬至暴雨区(0→0.8×10^{-5}℃/s);正涡度平流和暖平流的强迫作用促使边界层气流汇合区辐合加强(925 hPa散度1×10^{-5}→−6×10^{-5} s^{-1})。

(4)暴雨发生前8 h,位于洞庭湖—松滋一带的西南急流发展加强(950 hPa 4→12 m/s),急流出口区左侧有强气旋性切变,促进了暴雨区辐合上升运动发展。

(5)暴雨发生前3 h,在暴雨区附近出现地面辐合线(散度1×10^{-5}→−4×10^{-5} s^{-1}),触发了中尺度对流。

(6)暴雨发生前8 h,高层陕西南部有正散度区东移,导致暴雨区上空散度正值增加(300 hPa 0→8×10^{-5} s^{-1}),高层辐散抽吸作用明显,配合高层次级环流,有利于暴雨区上空气流加速流出。

综上所述,本次暴雨是500 hPa正涡度平流和850 hPa暖平流中心的强迫作用促使暴雨区边界层低值系统发展,地面辐合线触发中尺度对流而形成的,中低层干线锋生、边界层次级环流以及高层辐散等动力条件共同作用促使中尺度对流系统进一步发展加强。

4. 水汽条件：

(1)暴雨发生前 8 h,鄂东北有一湿舌向西南伸展,暴雨区上空湿度增长(850 hPa T_d 8→12℃)。

(2)暴雨发生前 2 h,鄂东北有湿平流中心向西南移动,暴雨区上空湿平流加强(850 hPa 0→1×10^{-5}℃/s),表明有水汽向暴雨区输送。

(3)暴雨发生前 8 h,暴雨区北部水汽通量散度中心东移,暴雨区水汽通量散度加强(925 hPa −8×10^{-8}→−10×10^{-8} g·cm^{-2}·hPa^{-1}·s^{-1}),表明有较强水汽辐合存在。

5. 不稳定条件：

(1)暴雨发生前 2 h,暴雨区 $\Delta\theta_{se(500-850)}$ 始终为负值(≤−8 K),表明暴雨区维持对流不稳定;

(2)暴雨发生前 8 h,暴雨区北侧 700 hPa 有湿位涡 MPV_1 项负值中心(≤−0.6 PVU),表明湿不稳定能量明显;

(3)暴雨发生前 14 h,恩施地区 K 指数大值中心向暴雨区移动,暴雨区不稳定加强(21→39℃)。

6. 暴雨落区：

(1)700 hPa 干线北侧 50 km 以内;

(2)850 hPa、925 hPa 干线南侧 100 km 以内;

(3)850 hPa 暖切顶部辐合区;

(4)地面辐合线上;

(5)925 hPa 冷暖平流零线附近靠近暖平流一侧 50 km 以内;

(6)水汽通量散度大值与 K 指数大值中心重叠区域。

综上所述,暴雨落区位于中层干线北侧,边界层干线南侧,边界层暖切顶部辐合区,地面辐合线上,边界层冷暖平流零线靠近暖平流一侧,以及水汽通量散度大值区和 K 指数大值中心等 6 者重合区域。

二、中尺度天气分析参考值

物理量名称	层次(hPa)	参考值	单位及量级	备注
边界层急流	950	≥12	m/s	动力
显著气流	700	≥10	m/s	动力
散度	200	≤−2	10^{-5} s^{-1}	动力
散度	300	≥8	10^{-5} s^{-1}	动力
涡度	850	≥1	10^{-5} s^{-1}	动力
位涡高值区	500	≥0.8	PVU	动力
位涡低值区	200	≤−0.2	PVU	动力
涡度平流	500	≥2	10^{-9} s^{-2}	动力
锋生函数	700	≥30	K·hPa^{-1}·s^{-3}	动力
MPV_2	850	≤−0.2	PVU	动力
冷平流	/	/	10^{-5}℃/s	动力
暖平流	850	≥0.8	10^{-5}℃/s	动力
干平流	700	≤−2	10^{-5}℃/s	动力

续表

物理量名称	层次(hPa)	参考值	单位及量级	备注
K 指数	/	$\geqslant 39$	℃	不稳定
$\Delta\theta_{se}$	$500-850$	$\leqslant -8$	K	不稳定
MPV_1	700	$\leqslant -0.6$	PVU	不稳定
湿平流	850	$\geqslant 1$	10^{-5}℃/s	水汽
湿舌(区)	850	$\geqslant 12$	℃	水汽
水汽通量散度	925	$\leqslant -10$	$10^{-8}\,g\cdot cm^{-2}\cdot hPa^{-1}\cdot s^{-1}$	水汽

三、中尺度天气系统三维结构图

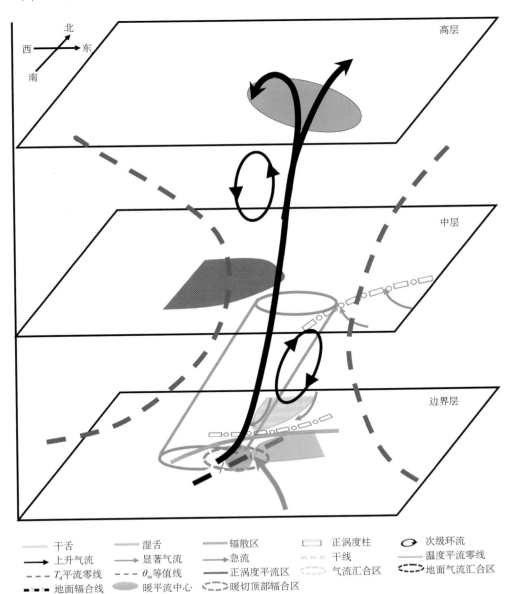

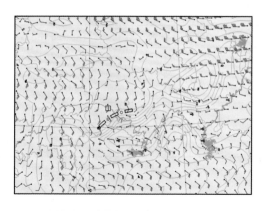

2008 年 6 月 6 日 20 时 700 hPa 露点、风场及干线(露点单位:℃)

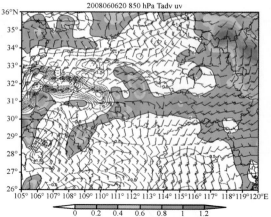

2008 年 6 月 6 日 20 时 850 hPa 温度平流(单位:10^{-5}℃/s)

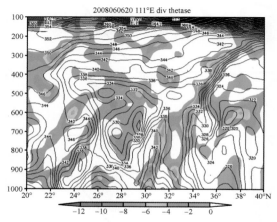

2008 年 6 月 6 日 20 时沿 111°E 散度和假相当位温垂直分布(单位:$10^{-5}s^{-1}$,K)

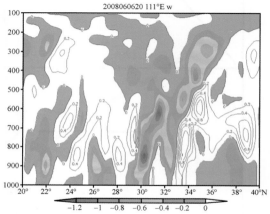

2008 年 6 月 6 日 20 时沿 111°E 垂直速度剖面(单位:Pa/s)

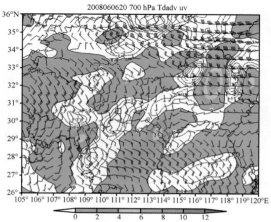

2008 年 6 月 6 日 20 时 700 hPa 湿度平流(单位:10^{-5}℃/s)

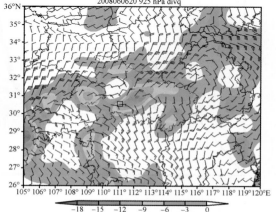

2008 年 6 月 6 日 20 时 925 hPa 水汽通量散度(单位:$10^{-8}g \cdot cm^{-2} \cdot hPa^{-1} \cdot s^{-1}$)

4.2.3 2008 年 7 月 20 日(长阳)

编号:20080720-4-03

一、中尺度天气条件及暴雨落区

1. 暴雨中心:长阳附近,1 小时最大雨量 31 mm,3 小时累积最大雨量 67 mm。

2. 主要中尺度系统:

(1)500 hPa 干线

(2)700 hPa 正涡度平流区

(3)850 hPa、925 hPa 暖平流中心

(4)850 hPa、925 hPa 暖切顶部辐合区

(5)925 hPa 湿舌

(6)地面气流汇合区

3. 动力条件:

(1)暴雨发生前 6 h,500 hPa 重庆上空有一条南北走向的干线(10℃/100 km)向东移至鄂西南后稳定少动,干暖空气自西向东穿过干线进入湿区,一是促使中层干线锋生(500 hPa 锋生函数 0→10 K · hPa^{-1} · s^{-3}),加强了上升运动;二是促使暴雨区中层出现干平流(500 hPa 0→−1×10^{-5}℃/s),θ_{se} 值下降(500 hPa 341→340 K),有利于加强暴雨区上空的对流不稳定。

(2)暴雨发生前 6 h,700 hPa 湘西北有东西向正涡度平流区向暴雨区上空移动(0→1×10^{-9} s^{-2});与此同时,边界层有暖平流中心自东向西缓慢移至暴雨区(925 hPa 0.6×10^{-5}℃/s);正涡度平流和暖平流的强迫作用加强了边界层暖切顶部的辐合(925 hPa 散度 −2×10^{-5}→−4×10^{-5} s^{-1})。

(3)暴雨发生前 4 h,在地面偏北方向、偏西方向和偏东方向有三支气流在宜昌南部汇合,地面气流汇合区(散度 ≤−4×10^{-5} s^{-1})触发中尺度对流,同时从雷达反射率图也显示回波在暴雨区附近出现并加强(0→50 dBz)。

(4)暴雨发生前 6 h,长阳高层出现散度高值中心(300 hPa 1×10^{-5}→4×10^{-5} s^{-1}),高层辐散抽吸作用加强,配合高层次级环流,有利于暴雨区上空气流加速流出。

综上所述,本次暴雨是由 500 hPa 干线加强对流不稳定,同时正涡度平流和暖平流的强迫作用促使暴雨区边界层低值系统发展,地面气流汇合区触发中尺度对流而形成,中层干线锋生及高层辐散等共同作用促进了中尺度对流系统的进一步发展。

4. 水汽条件:

(1)暴雨发生前 12 h,边界层有湿舌自贵州伸向鄂西南,并稳定少变(925 hPa T_d≥22℃)。

(2)暴雨发生前 6 h,长阳附近边界层水汽通量散度辐合区加强(925 hPa −5×10^{-8}→−9×10^{-8} g · cm^{-2} · hPa^{-1} · s^{-1})。

5. 不稳定条件:

(1)暴雨发生前 12 h,暴雨区边界层增温增湿、中层有干空气进入,$\Delta\theta_{se(500-850)}$ 明显变小(−8→−12 K),对流不稳定增强;

(2)暴雨发生时,在 925 hPa 有湿位涡 MPV_1 项(≤−0.4 PVU)负值中心与暴雨区配合,

表明湿不稳定能量明显加强；

（3）暴雨发生前 12 h，暴雨区上空增温增湿，K 指数增大（38→40℃），对流不稳定加强。

6. 暴雨落区：

（1）500 hPa 干线东侧 100 km 以内；

（2）925、850 hPa 暖切顶部辐合区；

（3）地面气流汇合区中心附近；

（4）925、850 hPa 冷暖平流零线附近靠近暖平流一侧 50 km 以内；

（5）700 hPa 干湿平流零线附近靠近湿平流一侧 50 km 以内；

（6）水汽通量散度大值中心与 K 指数大值区重叠区域。

综上所述，暴雨落区位于中层干线东侧，边界层暖切顶部，地面气流汇合区中心附近，冷暖平流零线附近靠近暖平流一侧，以及水汽通量散度与 K 指数大值中心重叠区域。

二、中尺度天气分析参考值

物理量名称	层次(hPa)	参考值	单位及量级	备注
边界层急流	/	/	m/s	动力
显著气流	500	$\geqslant 6$	m/s	动力
散度	200	$\leqslant -10$	10^{-5} s^{-1}	动力
散度	300	$\geqslant 4$	10^{-5} s^{-1}	动力
位涡高值区	850	$\geqslant 0.6$	PVU	动力
位涡低值区	600	$\leqslant 0.2$	PVU	动力
涡度平流	700	$\geqslant 1$	10^{-9} s^{-2}	动力
锋生函数	500	$\geqslant 10$	$K \cdot hPa^{-1} \cdot s^{-3}$	动力
MPV_2	650	$\leqslant -0.2$	PVU	动力
冷平流	/	/	$10^{-5}℃/s$	动力
暖平流	925	$\geqslant 0.6$	$10^{-5}℃/s$	动力
干平流	500	$\leqslant -1$	$10^{-5}℃/s$	动力
K 指数	/	$\geqslant 40$	℃	不稳定
$\Delta\theta_{se}$	500－850	$\leqslant -12$	K	不稳定
MPV_1	925	$\leqslant -0.4$	PVU	不稳定
湿平流	700	$\geqslant 1$	$10^{-5}℃/s$	水汽
湿舌(区)	925	$\geqslant 22$	℃	水汽
水汽通量散度	925	$\leqslant -9$	$10^{-8} g \cdot cm^{-2} \cdot hPa^{-1} \cdot s^{-1}$	水汽

三、中尺度天气系统三维结构图

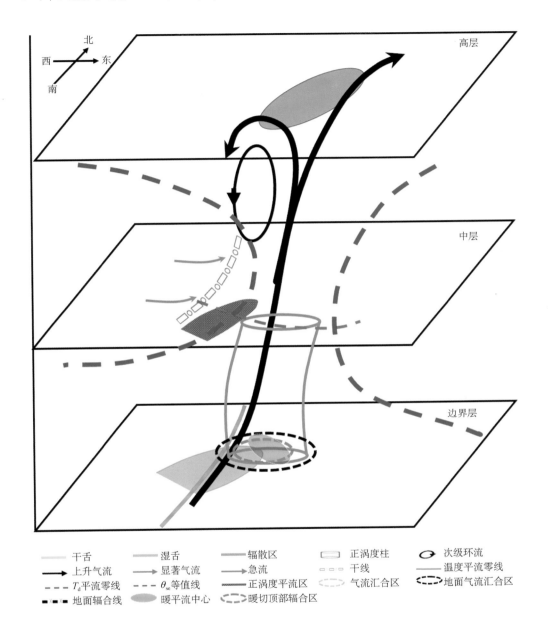

干舌　　　　湿舌　　　　辐散区　　　正涡度柱　　　次级环流

上升气流　　显著气流　　急流　　　　干线　　　　　温度平流零线

T_d平流零线　　θ_{se}等值线　　正涡度平流区　气流汇合区　　地面气流汇合区

地面辐合线　　暖平流中心　　暖切顶部辐合区

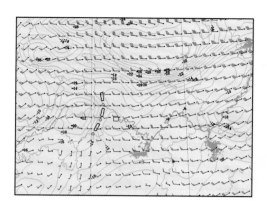

2008 年 7 月 20 日 20 时 500 hPa 露点、风场及
干线(单位:℃)

2008 年 7 月 20 日 20 时 925 hPa 温度平流(单
位:10^{-5}℃/s)

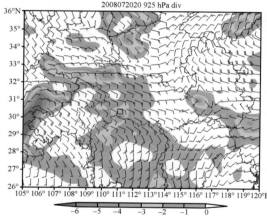

2008 年 7 月 20 日 20 时 925 hPa 散度(单位:
10^{-5}s^{-1})

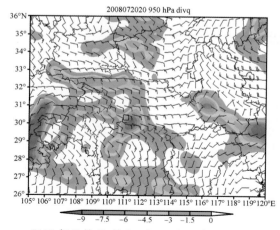

2008 年 7 月 20 日 20 时 500 hPa 湿度平流(单
位:10^{-5}℃/s)

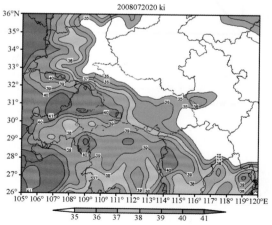

2008 年 7 月 20 日 20 时 950 hPa 水汽通量散度
(单位:10^{-8}g·cm^{-2}·hPa^{-1}·s^{-1})

2008 年 7 月 20 日 20 时 K 指数(单位:℃)

4.2.4 2009 年 6 月 17 日(枝江)

编号:20090617-4-04

一、中尺度天气条件及暴雨落区

1. 暴雨中心:枝江附近,1 小时最大雨量 45 mm,3 小时累积最大雨量 73 mm。
2. 主要中尺度天气系统:
(1)500 hPa、925 hPa 干线
(2)500 hPa 正涡度平流区
(3)850 hPa、925 hPa 湿舌
(4)975 hPa 暖平流中心
(5)950 hPa 暖切顶部辐合区
(6)925 hPa 东南急流
(7)地面辐合线
3. 动力条件:

(1)暴雨发生前 6 h,500 hPa 副高西北侧鄂西南有一条南北向干线缓慢东移并加强(3→4 ℃/100 km),干暖空气自西向东穿过干线,形成局部锋生(500 hPa 15→30 K·hPa^{-1}·s^{-3}),促使暴雨区中尺度对流发生发展,同时从雷达反射率图显示有回波从恩施地区出现并向暴雨区传播加强(20→55 dBz)。

(2)暴雨发生前 6 h,925 hPa 暴雨区北侧有西北—东南向干线形成(3℃/100 km),沿着干线有东南急流发展加强(925 hPa 4→12 m/s),干舌与湿舌对峙形成局部锋生(925 hPa 5→15 K·hPa^{-1}·s^{-3}),加强暴雨区上升运动。

(3)暴雨发生前 6 h,500 hPa 暴雨区北侧荆门附近有西北—东南向正涡度平流区逐渐加强(2×10^{-9}→3×10^{-9} s^{-2});暴雨发生前 6 h,近地面有暖平流自湘北向暴雨区发展形成暖平流中心(975 hPa 0→0.8×10^{-5} ℃/s);正涡度平流区和暖平流区的强迫作用促使近地面层暖切顶部辐合加强(975 hPa 散度-3×10^{-5}→-5×10^{-5} s^{-1})。

(4)暴雨发生前 6 h,边界层暴雨区东北侧的东南气流急剧增强(925 hPa 风速 4→12 m/s)形成东南急流,位置稳定少动,急流左侧有强气旋性切变,促进了暴雨区辐合上升运动加强(925 hPa 垂直速度-2×10^{-5}→-6×10^{-5} m/s)。

(5)暴雨发生前 6 h,江汉平原西部由东南气流和东北气流形成的辐合线稳定少动并逐渐增强(地面散度 1×10^{-5}→-12×10^{-5} s^{-1}),触发中尺度对流。

(6)暴雨发生前 6 h,湖南北部辐散中心加强东移到暴雨区上空(200 hPa 8×10^{-5}→12×10^{-5} s^{-1}),高层辐散抽吸作用加强,配合高层次级环流,有利于暴雨区上空气流加速流出。

综上所述,本次暴雨是由 500 hPa 正涡度平流和近地面层暖平流的强迫作用促使暴雨区边界层低值系统发展,地面辐合线触发中尺度对流而形成,中层和边界层干线锋生、东南急流急剧增长、高层辐散等共同作用促进了中尺度对流系统进一步发展加强。

4. 水汽条件:
(1)暴雨发生前 12 h,在湖南北部边界层有一南北向湿舌伸向鄂西(925 hPa T_d≥21℃)。
(2)暴雨发生前 6 h,湿舌内有湿平流稳定维持(925 hPa 2×10^{-5} ℃/s)。

(3)暴雨发生前 6 h,湖北西部边界层有水汽通量散度中心向暴雨区上空扩展,导致暴雨区上空水汽辐合增强(975 hPa $0 \rightarrow -10 \times 10^{-8}$ g $\cdot$ cm^{-2} $\cdot$ hPa^{-1} $\cdot$ s^{-1})。

5. 不稳定条件:

(1)暴雨发生前 12 h,暴雨区边界层增温增湿导致假相当位温急剧增长,$\Delta\theta_{se(500-850)}$ 明显减小($-4 \rightarrow -10$ K),对流不稳定增强。

(2)暴雨发生前 6 h,暴雨区边界层 MPV$_1$ 项减小(925 hPa $-0.4 \rightarrow -1$ PVU)负值中心与暴雨区配合,表明边界层湿不稳定能量明显加强。

(3)暴雨发生前 12 h,暴雨区 K 指数增大($38 \rightarrow 40$℃),对流不稳定加强。

6. 暴雨落区:

(1)中层干线东侧、边界层干线南侧 100 km 以内;

(2)950 hPa 暖切顶部辐合区;

(3)地面气流辐合线上;

(4)925 hPa 干湿平流零线上;

(5)水汽通量散度大值中心与 K 指数大值区重叠区域。

综上所述,暴雨落区位于中层干线东侧、边界层干线南侧,边界层暖切顶部辐合区,地面气流辐合线上,近地面层干湿平流零线上,以及水汽通量散度和 K 指数大值中心等重叠区域。

二、中尺度天气分析参考值

物理量名称	层次(hPa)	参考值	单位及量级	备注
边界层急流	/	/	m/s	动力
显著气流	925	≥12	m/s	动力
显著气流	500	≥10	m/s	动力
散度	200	≥12	10^{-5} s^{-1}	动力
涡度	925	≥12	10^{-5} s^{-1}	动力
位涡高值区	925	≥0.8	PVU	动力
位涡低值区	200	≤-0.2	PVU	动力
涡度平流	500	≥3	10^{-9} s^{-2}	动力
锋生函数	500	≥30	K $\cdot$ hPa^{-1} $\cdot$ s^{-3}	动力
MPV$_2$	925	≤-0.4	PVU	动力
冷平流	/	/	10^{-5}℃/s	动力
暖平流	975	≥0.8	10^{-5}℃/s	动力
干平流	500	≤-3	10^{-5}℃/s	动力
K 指数	/	≥40	℃	不稳定
$\Delta\theta_{se}$	500-850	≤-10	K	不稳定
MPV$_1$	925	≤-1	PVU	不稳定
湿平流	925	≥2	10^{-5}℃/s	水汽
湿舌(区)	925	≥21	℃	水汽
水汽通量散度	975	≤-10	10^{-8}g $\cdot$ cm^{-2} $\cdot$ hPa^{-1} $\cdot$ s^{-1}	水汽

三、中尺度天气系统三维结构图

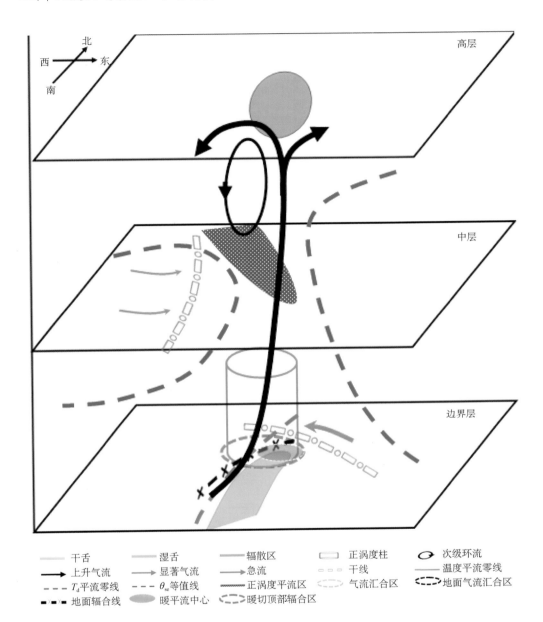

干舌	湿舌	辐散区	正涡度柱	次级环流
上升气流	显著气流	急流	干线	温度平流零线
T_d平流零线	θ_{se}等值线	正涡度平流区	气流汇合区	地面气流汇合区
地面辐合线	暖平流中心	暖切顶部辐合区

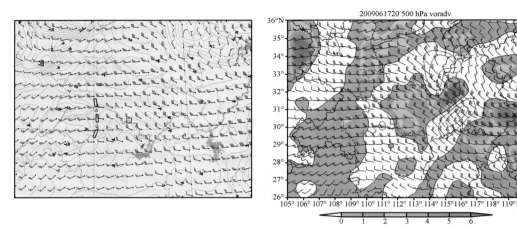

2009 年 6 月 17 日 20 时 500 hPa 露点、风场及干线(单位:℃)

2009 年 6 月 17 日 20 时 500 hPa 涡度平流(单位:$10^{-9} s^{-2}$)

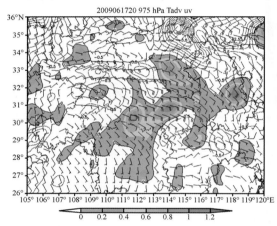

2009 年 6 月 17 日 20 时 975 hPa 温度平流(单位:$10^{-5} ℃/s$)

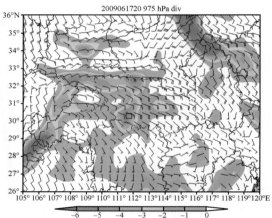

2009 年 6 月 17 日 20 时 975 hPa 散度(单位:$10^{-5} s^{-1}$)

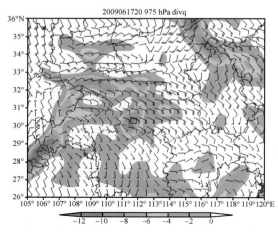

2009 年 6 月 17 日 20 时 975 hPa 水汽通量散度(单位:$10^{-8} g \cdot cm^{-2} \cdot hPa^{-1} \cdot s^{-1}$)

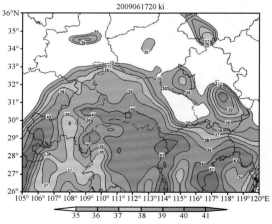

2009 年 6 月 17 日 20 时 K 指数(单位:℃)

4.2.5　2009 年 7 月 31 日(钟祥)

编号:20090731-4-05

一、中尺度天气条件及暴雨落区

1. 暴雨中心:钟祥,1 小时最大雨量 45 mm,3 小时累积最大雨量 72 mm。

2. 主要中尺度系统:

(1)500 hPa、850 hPa 干线

(2)500 hPa 正涡度平流区

(3)边界层次级环流

(4)700 hPa 暖平流中心

(5)700 hPa 急流

(6)850 hPa 暖切顶部辐合区

(7)850 hPa 湿舌

(8)850 hPa 干舌

(9)地面气流汇合区

3. 动力条件:

(1)暴雨发生前 12 h,500 hPa 副高西北侧湖南中部有一条准东西走向的干线(10℃/100 km)开始向西北移动,到暴雨发生时已移至江汉平原北部。干暖空气自南向北穿过干线进入湿区,一是促使中层干线锋生(500 hPa 5→10 K · hPa^{-1} · s^{-3}),促进暴雨区中尺度对流发生发展,同时从雷达反射率图也显示回波在江汉平原南部出现并向暴雨区传播加强(20→50 dBz);二是促使暴雨区中层出现干平流中心(500 hPa 1×10^{-5}→−2×10^{-5}℃/s),θ_{se} 值下降(346→344 K),有利于加强暴雨区上空对流不稳定。

(2)暴雨发生前 12 h,湖北、河南交界处的边界层内也有一条准东西向干线正在逐步增强(850 hPa 3→5 ℃/100 km),干舌与湿舌对峙,形成局部锋生(850 hPa 5→10 K · hPa^{-1} · s^{-3}),促使边界层干线北侧干冷空气加速下沉,南侧暖湿气流上升形成经向垂直正环流;垂直环流上升支与暴雨区上升气流叠加有利于暴雨区上升运动的加强和维持。

(3)暴雨发生前 12 h,500 hPa 当阳附近西北—东南走向正涡度平流区逐渐加强并向暴雨区上空移动(2×10^{-9}→4×10^{-9} s^{-2});暴雨发生前 6 h,700 hPa 有暖平流中心自远安东移至暴雨区(0.5×10^{-5}℃/s);正涡度平流和暖平流的强迫作用加强了边界层暖切顶部的辐合(850 hPa 散度 0→−16×10^{-5} s^{-1})。

(4)暴雨发生前 12 h,700 hPa 湖南北部的西南急流逐步发展北抬至江汉平原北部(8→10 m/s),急流出口区左侧有强气旋性切变,促进了暴雨区辐合上升运动的发展。

(5)暴雨发生前 6 h,地面有东北方向、西北方向和偏南方向三支气流在江汉平原西部汇合并逐步增强(散度中心 1×10^{-5}→−9×10^{-5} s^{-1}),触发了中尺度对流。

(6)暴雨发生前 6 h,湖北中部上空出现散度高值中心(200 hPa 12×10^{-5} s^{-1}),高层辐散抽吸作用加强,配合高层次级环流,有利于暴雨区上空气流加速流出。

综上所述,本次暴雨是由 500 hPa 干线加强对流不稳定,同时正涡度平流和暖平流的强迫作用促使暴雨区边界层低值系统发展,地面气流汇合区触发中尺度对流形成的,中层和边界层干线

锋生、锋生次级环流上升支的叠加、高层辐散等共同作用促进了中尺度对流系统的进一步发展。

4. 水汽条件：

(1)暴雨发生前 6 h,鄂西南边界层有一湿舌向鄂北伸展,并维持($850\text{ hPa } T_d \geqslant 18℃$)少变。

(2)暴雨发生前 6 h,湿舌内湿平流明显（$850\text{ hPa } 1 \times 10^{-5}℃/\text{s}$),表明有较强水汽向暴雨区输送。

(3)暴雨发生前 6 h,湖北中部边界层出现水汽通量散度辐合区并加强（$975\text{ hPa } -1 \times 10^{-8} \to -6 \times 10^{-8}\text{g} \cdot \text{cm}^{-2} \cdot \text{hPa}^{-1} \cdot \text{s}^{-1}$）。

5. 不稳定条件：

(1)暴雨发生前 12 h,暴雨区边界层增温增湿、中层有干空气进入,$\Delta\theta_{se(500-850)}$ 变小（$-4 \to -7$ K),对流不稳定增强；

(2)暴雨发生时,在 750 hPa 有湿位涡 MPV_1 项（$\leqslant -0.2$ PVU）负值中心与暴雨区配合,表明湿不稳定能量明显加强；

(3)暴雨发生前 12 h,暴雨区持续增温增湿,K 指数不断增大（$36 \to 39℃$）,对流不稳定加强。

6. 暴雨落区：

(1)中层干线北侧、边界层干线南侧 150 km 以内；

(2)700 hPa 西南急流出口区左侧 50 km 以内；

(3)850 hPa 暖切顶部辐合区；

(4)地面气流汇合区中心；

(5)925、850 hPa 干湿平流零线附近靠近湿平流一侧 50 km 以内；

(6)700 hPa 冷暖平流零线附近靠近暖平流一侧 50 km 以内；

(7)水汽通量散度大值中心与 K 指数大值区重叠区域。

综上所述,暴雨落区位于中层干线北侧、边界层干线南侧,西南低空急流出口区左侧,边界层暖切顶部辐合区,地面气流汇合区中心,边界层干湿平流零线靠近湿平流一侧,冷暖平流零线靠近暖平流一侧,及水汽通量散度与 K 指数大值区重叠区域。

二、中尺度天气分析参考值

物理量名称	层次(hPa)	参考值	单位及量级	备注
边界层急流	700	$\geqslant 10$	m/s	动力
显著气流	850	$\geqslant 8$	m/s	动力
散度	200	$\geqslant 12$	10^{-5} s^{-1}	动力
位涡高值区	350	$\geqslant 1.0$	PVU	动力
位涡低值区	800	$\leqslant -0.4$	PVU	动力
涡度平流	500	$\geqslant 4$	10^{-9} s^{-2}	动力
锋生函数	500	$\geqslant 10$	$\text{K} \cdot \text{hPa}^{-1} \cdot \text{s}^{-3}$	动力
锋生函数	850	$\geqslant 10$	$\text{K} \cdot \text{hPa}^{-1} \cdot \text{s}^{-3}$	动力
MPV_2	800	$\leqslant -0.2$	PVU	动力
冷平流	\	\	$10^{-5}℃/\text{s}$	动力
暖平流	700	$\geqslant 0.5$	$10^{-5}℃/\text{s}$	动力
干平流	500	$\leqslant -2$	$10^{-5}℃/\text{s}$	动力

续表

物理量名称	层次(hPa)	参考值	单位及量级	备注
K 指数	\	$\geqslant 39$	℃	不稳定
$\Delta\theta_{se}$	500－850	$\leqslant -7$	K	不稳定
MPV_1	750	$\leqslant -0.2$	PVU	不稳定
湿平流	850	$\geqslant 1$	10^{-5}℃/s	水汽
湿舌(区)	850	$\geqslant 18$	℃	水汽
水汽通量散度	975	$\leqslant -6$	10^{-8}g·cm^{-2}·hPa^{-1}·s^{-1}	水汽

三、中尺度天气系统三维结构图

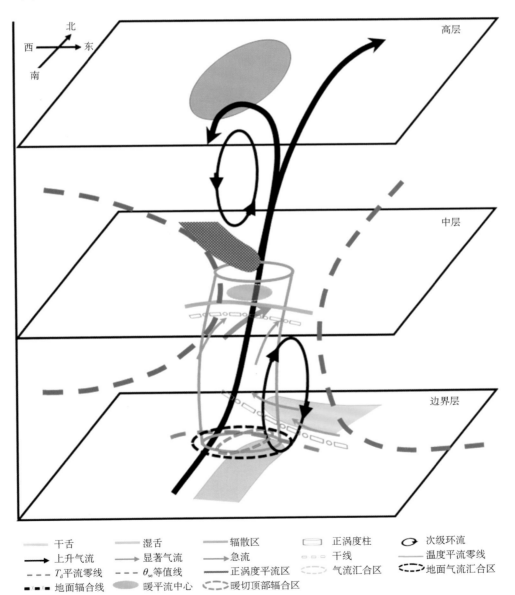

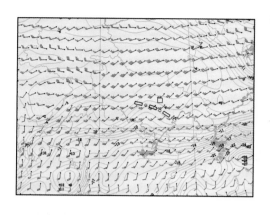

2009 年 7 月 31 日 08 时 500 hPa 露点、风场及干线（单位：℃）

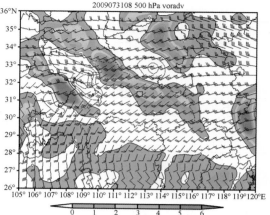

2009 年 7 月 31 日 08 时 500 hPa 涡度平流（单位：$10^{-9}\,s^{-2}$）

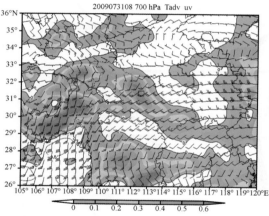

2009 年 7 月 31 日 08 时 700 hPa 温度平流（单位：$10^{-5}\,℃/s$）

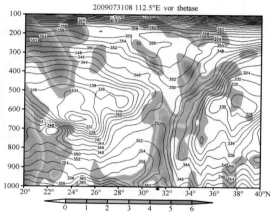

2009 年 7 月 31 日 08 时沿 112.5°E 涡度和假相当位温垂直分布（单位：$10^{-5}\,s^{-1}$，K）

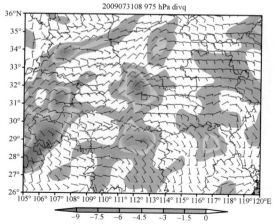

2009 年 7 月 31 日 08 时 975 hPa 水汽通量散度（单位：$10^{-8}\,g\cdot cm^{-2}\cdot hPa^{-1}\cdot s^{-1}$）

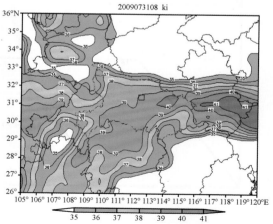

2009 年 7 月 31 日 08 时 K 指数（单位：℃）

4.2.6 2010年7月3日(长阳)

编号:20100703-4-06

一、中尺度天气条件及暴雨落区

1. 暴雨中心:长阳附近,1小时最大雨量44 mm,3小时累积最大雨量55 mm。

2. 主要中尺度天气系统:

(1)700、925 hPa干线

(2)500 hPa正涡度平流区

(3)925 hPa湿舌

(4)850 hPa、925 hPa、950 hPa、975 hPa暖切顶部辐合区

(5)850 hPa、925 hPa、950 hPa、975 hPa暖平流区

(6)925 hPa西南急流

(7)地面气流汇合区

3. 动力条件:

(1)暴雨发生前6 h,700 hPa湘西北有西北—东南向干线(4℃/100 km)沿东北方向移向暴雨区,干暖空气自西向东穿过干线进入湿区,一是促使中层暴雨区附近锋生(700 hPa 0→10 K·hPa^{-1}·s^{-3}),加强暴雨区上升运动;二是促使暴雨区中层空气变干(700 hPa T_d 12→11℃),θ_{se}值明显下降(700 hPa 357→355 K),有利于加强暴雨区上空对流不稳定。

(2)暴雨发生前6 h,925 hPa湘西北有西南—东北向干线形成(3℃/100 km),并向北移近暴雨区,干线南侧有干暖空气流穿过干线进入湿区,在暴雨区附近形成局部锋生(925 hPa 5→10 K·hPa^{-1}·s^{-3}),加强暴雨区上升运动。

(3)暴雨发生前6 h,500 hPa长阳附近有西北—东南向正涡度平流区向暴雨中心移动并逐渐加强(0→0.5×10^{-9} s^{-2});与此同时,在暴雨区上空975 hPa暖平流区加强(0→0.4×10^{-5}℃/s);正涡度平流区和暖平流区的强迫作用加强了边界层暖切顶部的辐合(975 hPa散度 −1×10^{-5}→−5×10^{-5} s^{-1})。

(4)暴雨发生前6 h,925 hPa位于湖南中部的西南急流逐步发展北抬至北部(925 hPa风速8→12 m/s),急流出口区左侧有强气旋性切变,促进了暴雨区辐合上升运动加强。

(5)暴雨发生前6 h,地面有西北方向、东北方向和东南方向三支气流在江汉平原西部汇合,地面气流汇合区触发中尺度对流,同时次雷达反射率图也显示回波在暴雨区附近出现并加强(0→55 dBz)。

(6)暴雨发生前6 h,暴雨区高层散度由负变正(200 hPa −2×10^{-5}→1×10^{-5} s^{-1}),高层辐散抽吸作用加强,配合高层次级环流,有利于暴雨区上空气流加速流出。

综上所述,本次暴雨是由700 hPa干线加强对流不稳定,中层正涡度平流区和边界层暖平流的强迫作用促使暴雨区边界层低值系统发展加强,地面辐合区触发中尺度对流而形成,中层与边界层干线锋生、边界层西南气流发展加强、高层辐散等共同作用促进了中尺度对流系统的进一步发展。

4. 水汽条件:

(1)暴雨发生前12 h,在贵州北部边界层有西南—东北向湿舌伸向鄂东北(925 hPa T_d≥

22℃),并稳定维持。

(2)暴雨发生前 6 h,湿舌内湿平流逐渐增强（700 hPa $0 \rightarrow 2 \times 10^{-5}$℃/s）,表明有较强水汽向暴雨区加强输送。

(3)暴雨发生前 6 h,湖北中南部地区东西向水汽通量散度辐合区增强（950 hPa $-2 \times 10^{-5} \rightarrow -5 \times 10^{-8}$ g·cm^{-2}·hPa^{-1}·s^{-1}）。

5. 不稳定条件:

(1)暴雨发生前 6 h,暴雨区边界层增温增湿、中层有干空气进入,$\Delta \theta_{se(700-925)}$ 明显变小（$-7 \rightarrow -11$ K）,对流不稳定增强。

(2)暴雨发生前 6 h,近地面层暴雨区 MPV$_1$ 项减小（975 hPa $-0.6 \rightarrow -1.2$ PVU）,负值中心与暴雨区配合,表明近地面湿不稳定能量明显加强。

(3)暴雨发生前 12 h,暴雨区持续增温增湿 K 指数增大（40→42℃）,暴雨区上空对流不稳定加强。

6. 暴雨落区:

(1)700 hPa 干线、925 hPa 干线北侧 100 km 以内;

(2)925 hPa 西南急流左前侧 100 km 以内;

(3)850、925、950 hPa 暖切顶部辐合区;

(4)地面气流汇合区中心附近;

(5)850 hPa 干湿平流零线附近;

(6)水汽通量散度大值中心与 K 指数大值区重叠区域。

综上所述,暴雨落区位于中层干线和边界层干线北侧,西南急流左前侧,边界层暖切顶部辐合区,地面气流汇合区中心附近,边界层干湿平流零线附近,以及水汽通量散度和 K 指数大值中心重叠区域。

二、中尺度天气分析参考值

物理量名称	层次(hPa)	参考值	单位及量级	备注
边界层急流	925	≥12	m/s	动力
显著气流	700	≥8	m/s	动力
散度	200	≥1	10^{-5} s^{-1}	动力
涡度	925	≥16	10^{-5} s^{-1}	动力
位涡高值区	400	≥1.2	PVU	动力
位涡低值区	/	/	PVU	动力
涡度平流	500	≥0.5	10^{-9} s^{-2}	动力
锋生函数	700	≥10	K·hPa^{-1}·s^{-3}	动力
MPV$_2$	500	≤−0.4	PVU	动力
冷平流	/	/	10^{-5}℃/s	动力
暖平流	975	≥0.4	10^{-5}℃/s	动力
干平流	925	≤−0.5	10^{-5}℃/s	动力

续表

物理量名称	层次（hPa）	参考值	单位及量级	备注
K 指数	/	≥42	℃	不稳定
$\Delta\theta_{se}$	500－850	≤−20	K	不稳定
$\Delta\theta_{se}$	700－925	≤−11	K	不稳定
MPV_1	975	≤−1.2	PVU	不稳定
湿平流	700	≥2	$10^{-5}℃/s$	水汽
湿舌（区）	925	≥22	℃	水汽
水汽通量散度	950	≤−5	$10^{-8}g·cm^{-2}·hPa^{-1}·s^{-1}$	水汽

三、中尺度天气系统三维结构图

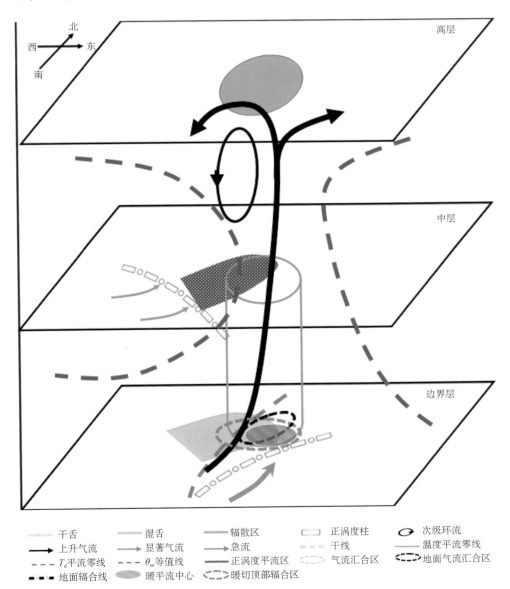

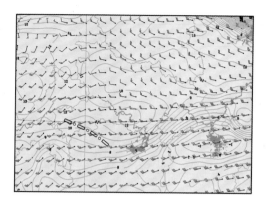

2010 年 7 月 3 日 20 时 700 hPa 露点、风场及干
线（单位：℃）

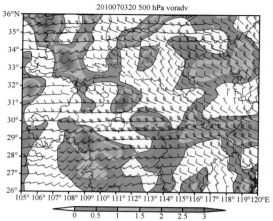

2010 年 7 月 3 日 20 时 500 hPa 涡度平流（单
位：$10^{-9}\,s^{-2}$）

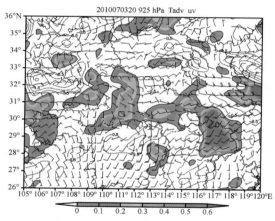

2010 年 7 月 3 日 20 时 925 hPa 暖度平流（单
位：$10^{-5}\,℃/s$）

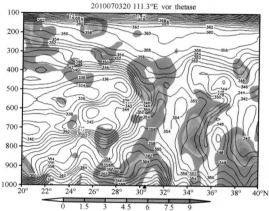

2010 年 7 月 3 日 20 时沿 111.3°E 涡度和假相
当位温垂直分布（单位：$10^{-5}\,s^{-1}$,K）

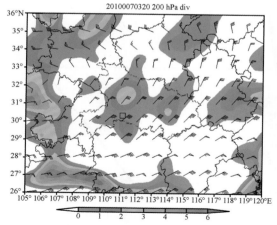

2010 年 7 月 3 日 20 时 200 hPa 散度（单位：
$10^{-5}\,s^{-1}$）

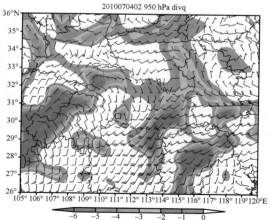

2010 年 7 月 4 日 02 时 950 hPa 水汽通量散度
（单位：$10^{-8}\,g\cdot cm^{-2}\cdot hPa^{-1}\cdot s^{-1}$）

4.2.7　2010年7月16日(孝昌)

编号:20100716-4-07

一、中尺度天气条件及暴雨落区

1. 暴雨中心:孝昌附近,1小时最大雨量86 mm,3小时累积最大雨量96 mm。

2. 主要中尺度天气系统:

(1)850 hPa、925 hPa干线

(2)500 hPa正涡度平流区

(3)850、925 hPa西南风急流

(4)850、925 hPa干舌

(5)850、925 hPa湿舌

(6)850、925 hPa暖平流中心

(7)975 hPa暖切顶部辐合区

(8)地面气流汇合区

3. 动力条件:

(1)暴雨发生前6 h,850 hPa湖北南部有准东西向干线北移并加强(2→3℃/100 km),干暖空气自南向北穿过干线进入湿区,边界层干湿空气交汇形成局部锋生(850 hPa 15→20 K·hPa^{-1}·s^{-3}),促进暴雨区中尺度对流系统发展加强,同时从雷达反射率显示有回波在江汉平原北部出现并向暴雨区传播加强(40→60 dBz)。

(2)暴雨发生前6 h,500 hPa江汉平原北部出现正涡度平流中心并缓慢向暴雨区上空移动(4×10^{-9}s^{-2});暴雨发生前12 h,925 hPa江汉平原南部有暖平流区向北移动并加强,在暴雨区上空形成强暖平流中心(0.5×10^{-5}→2×10^{-5}℃/s);正涡度平流和暖平流的强迫作用加强了近地面层暖切顶部的辐合(975 hPa散度1×10^{-5}→−4×10^{-5}s^{-1})。

(3)暴雨发生前12 h,位于湖南中部边界层西南风急流加强并北抬至河南南部(925 hPa风速6→16 m/s),急流出口区左侧强气旋性切变有利于暴雨区辐合上升运动发展。

(4)暴雨发生前10 h,地面有西北方向、东南方向和偏南方向三支气流在江汉平原北部汇合,地面气流汇合区加强(地面散度−2×10^{-5}→−12×10^{-5}s^{-1})触发中尺度对流。

(5)暴雨发生前6 h,湖北西部高层辐散中心加强东移到暴雨区上空(200 hPa 6×10^{-5}→10×10^{-5}s^{-1}),高层辐散抽吸作用加强,配合高层次级环流,有利于暴雨区上空气流加速流出。

综上所述,本次暴雨是由500 hPa正涡度平流和边界层强暖平流的强迫作用促使边界层暴雨区低值系统发展,地面气流汇合区触发中尺度对流而形成的,边界层干线锋生、边界层西南低空急流加强北抬、高层辐散等动力条件共同作用促进了中尺度对流系统的进一步发展。

4. 水汽条件:

(1)暴雨发生前12 h,在重庆边界层有东西向湿舌(925 hPa T_d≥22℃)向鄂东北伸展,并维持少变。

(2)暴雨发生前12 h,湖南北部边界层水汽通量散度中心(975 hPa −2×10^{-8}→−6×10^{-8}g·cm^{-2}·hPa^{-1}·s^{-1})区域加强北抬,在江汉平原及鄂东北形成较强水汽辐合中心。

5. 不稳定条件：

(1)暴雨发生前 12 h,暴雨区对流不稳定维持少变($\Delta\theta_{se(500-850)}\leqslant-4$ K)；

(2)暴雨发生时,在 925 hPa 有湿位涡 MPV_1 项($\leqslant-0.6$ PVU)负值中心与暴雨区配合,表明边界层湿不稳定能量明显加强；

(3)暴雨发生前 6 h,K 指数大值区在湖北省中北部地区维持($\geqslant38℃$),暴雨区存在不稳定。

6. 暴雨落区：

(1)850 hPa、925 hPa 干线北侧 100 km 以内；

(2)850 hPa、925 hPa 西南急流出口区左前侧 30 km 以内；

(3)975 hPa 暖切顶部辐合区；

(4)地面气流汇合区中心附近；

(5)925 hPa 干湿平流零线靠近湿平流一侧 50 km 以内；

(6)水汽通量散度大值中心与 K 指数大值区重叠区域。

综上所述,暴雨落区位于边界层干线北侧,边界层西南急流出口区左前侧,边界层干湿平流零线靠近湿平流一侧,地面气流汇合区中心,以及水汽通量散度和 K 指数大值中心等 6 者重合区域。

二、中尺度天气分析参考值

物理量名称	层次(hPa)	参考值	单位及量级	备注
边界层急流	925	$\geqslant16$	m/s	动力
显著气流	850	$\geqslant14$	m/s	动力
散度	200	$\geqslant10$	$10^{-5}\,s^{-1}$	动力
涡度	925	$\geqslant24$	$10^{-5}\,s^{-1}$	动力
位涡高值区	600	$\geqslant1.2$	PVU	动力
位涡低值区	200	$\leqslant-0.2$	PVU	动力
涡度平流	500	$\geqslant4$	$10^{-9}\,s^{-2}$	动力
锋生函数	850	$\geqslant20$	$K\cdot hPa^{-1}\cdot s^{-3}$	动力
MPV_2	925	$\leqslant-0.4$	PVU	动力
冷平流	/	/	$10^{-5}℃/s$	动力
暖平流	925	$\geqslant2$	$10^{-5}℃/s$	动力
干平流	850	$\leqslant-2$	$10^{-5}℃/s$	动力
K 指数	/	$\geqslant38$	℃	不稳定
$\Delta\theta_{se}$	$500-850$	$\leqslant-4$	K	不稳定
MPV_1	925	$\leqslant-0.6$	PVU	不稳定
湿平流	/	/	$10^{-5}℃/s$	水汽
湿舌(区)	925	$\geqslant22$	℃	水汽
水汽通量散度	975	$\leqslant-6$	$10^{-8}\,g\cdot cm^{-2}\cdot hPa^{-1}\cdot s^{-1}$	水汽

三、中尺度天气系统三维结构图

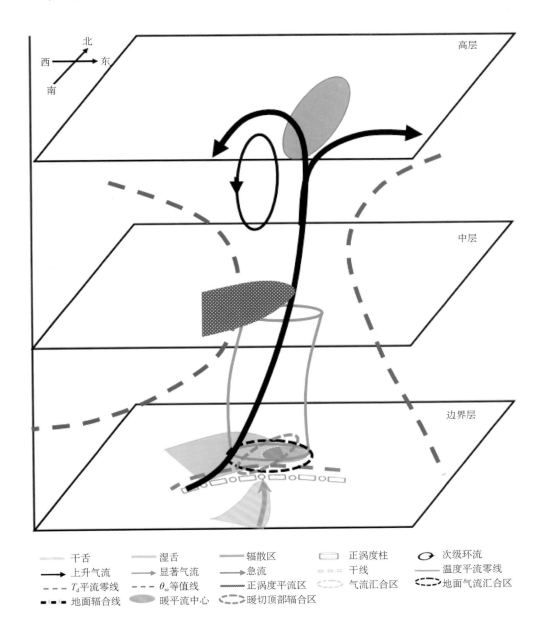

干舌	湿舌	辐散区	正涡度柱	次级环流
上升气流	显著气流	急流	干线	温度平流零线
T_d平流零线	θ_{se}等值线	正涡度平流区	气流汇合区	地面气流汇合区
地面辐合线	暖平流中心	暖切顶部辐合区		

北
西　东
南

高层

中层

边界层

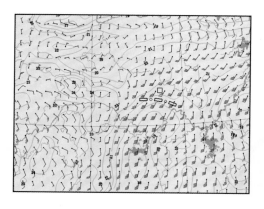

2010 年 7 月 17 日 02 时 925 hPa 露点、风场及干线(单位:℃)

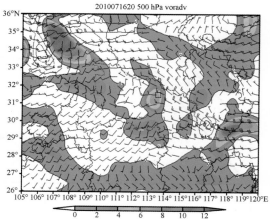

2010 年 7 月 16 日 20 时 500 hPa 涡度平流(单位:$10^{-9}\,s^{-2}$)

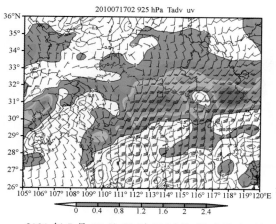

2010 年 7 月 17 日 02 时 925 hPa 温度平流(单位:$10^{-5}\,℃/s$)

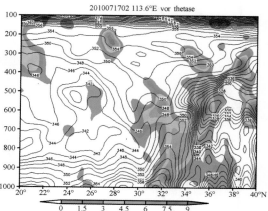

2010 年 7 月 17 日 02 时沿 113.6°E 涡度和假相当位温垂直分布(单位:$10^{-5}\,s^{-1}$,K)

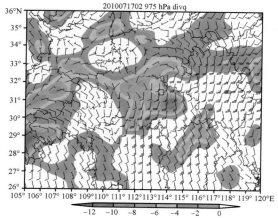

2010 年 7 月 17 日 02 时 975 hPa 水汽通量散度(单位:$10^{-8}\,g\cdot cm^{-2}\cdot hPa^{-1}\cdot s^{-1}$)

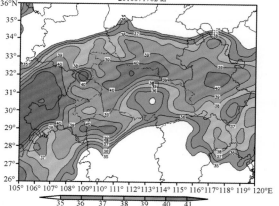

2010 年 7 月 17 日 02 时 K 指数(单位:℃)

4.2.8　2010 年 7 月 22 日(通山)

编号:20100722-4-08

一、中尺度天气条件及暴雨落区

1. 暴雨中心:通山附近,1 小时最大雨量 56 mm,3 小时累积最大雨量 57 mm。

2. 主要中尺度天气系统:

(1)700 hPa、975 hPa、1000 hPa 干线

(2)700 hPa 正涡度平流区

(3)975 hPa、1000 hPa 中尺度低涡

(4)边界层次级环流

(5)850 hPa、925 hPa、975 hPa、1000 hPa 暖平流区

(6)975 hPa、1000 hPa 湿舌

(7)975 hPa、1000 hPa 干舌

(8)地面气流汇合区

3. 动力条件:

(1)暴雨发生前 12 h,湖北、江西交界处有一条西南—东北向干线(700 hPa 6℃/100 km)缓慢向西北移动,到暴雨发生时至鄂东南,其南侧有干暖空气穿过干线进入湿区,一是促使中层暴雨区附近锋生(700 hPa 锋生函数 $0 \to 5$ K · hPa^{-1} · s^{-3}),加强了上升运动;二是促使暴雨区出现干平流中心(700 hPa $-1\times10^{-5} \to -2\times10^{-5}$ ℃/s),θ_{se} 值明显下降(700 hPa 347→341 K),有利于暴雨区对流不稳定度的加强。

(2)暴雨发生前 6 h,在鄂东南近地面层有西南—东北向干线形成(1000 hPa 5℃/100 km),干空气向湿区侵袭,形成局部锋生(1000 hPa 锋生函数 20 K · hPa^{-1} · s^{-3}),由于干线北侧有冷空气加速下沉,南侧暖空气上升,在近地面层形成次级环流,其上升支与暴雨区上升气流叠加,进一步加强上升运动。

(3)暴雨发生前 12 h,700 hPa 湖南、江西北部正涡度平流带北抬,暴雨区上空正涡度平流加强(700 hPa $0.5\times10^{-9} \to 1\times10^{-9}$ s^{-2});暴雨发生前 6 h,暴雨区近地面层有暖平流发展加强(1000 hPa $0 \to 0.6\times10^{-5}$ ℃/s);正涡度平流和暖平流的强迫作用促使暴雨区近地层低值系统发展加强形成中尺度低涡,(1000 hPa 涡度 $1\times10^{-5} \to 3\times10^{-5}$ s^{-1}),暴雨区上升运动加强。

(4)暴雨发生前 7 h,在地面有东北方向、偏东方向和偏南方向三支显著气流在暴雨区汇合,地面气流汇合区辐合加强(散度中心 $0 \to -8\times10^{-5}$ s^{-1}),触发中尺度对流,同时次雷达反射率图也显示回波在暴雨区附近出现并加强(0→55 dBz)。

(5)暴雨发生前 6 h,湖北东北部高层有正散度中心向南扩展至鄂东南,暴雨区高层上空散度正值增加(200 hPa 散度 $1\times10^{-5} \to 5\times10^{-5}$ s^{-1}),高层辐散抽吸作用加强,配合高层次级环流,有利于暴雨区上空气流加速流出。

综上所述,本次暴雨是由 700 hPa 干线加强低层大气对流不稳定,同时正涡度平流和暖平流的强迫作用促使近地层中尺度低涡发展,地面气流汇合区触发中尺度对流而形成的,高层辐散、边界层干线锋生及次级环流的形成等动力条件的共同作用促进了中尺度对流系统的进一步发展。

4. 水汽条件:

(1)暴雨发生前 6 h,近地面层有湿舌自安徽伸向鄂东北,并稳定少变(1000 hPa $T_d \geq 26℃$)。

(2)暴雨发生前 12 h,在江西中部 850 hPa、925 hPa 有湿平流中心加强北抬至暴雨区上空(925 hPa $0 \rightarrow 2 \times 10^{-5}℃/s$),表明有水汽向暴雨区输送。

(3)暴雨发生前 6 h,暴雨区出现水汽通量散度中心(925 hPa -4×10^{-8} g·cm^{-2}·hPa^{-1}·s^{-1}),表明有较强水汽辐合存在。

5. 不稳定条件:

(1)暴雨发生前 12 h,暴雨区近地层增温明显,中层有干平流中心移至,$\Delta\theta_{se(700-925)}$ 减小明显($-5 \rightarrow -13$ K),对流不稳定增强;

(2)暴雨发生前 12 h,K 指数大值区在鄂东南稳定少动($\geq 39℃$),暴雨区存在明显的对流不稳定。

6. 暴雨落区:

(1)700 hPa、近地面层干线西北侧 50 km 以内;

(2)近地面层中尺度低涡中心;

(3)地面气流汇合区中心;

(4)925 hPa 干湿冷暖平流零线附近靠近暖湿平流一侧 50 km 以内;

(5)水汽通量散度大值中心与 K 指数大值区重叠区域。

综上所述,暴雨落区位于中层、近地面层干线西北侧,近地面层中尺度低涡中心,地面气流汇合区中心,边界层干湿冷暖平流零线靠近暖湿平流一侧,以及水汽通量散度和 K 指数大值中心等 5 者重合区域。

二、中尺度天气分析参考值

物理量名称	层次(hPa)	参考值	单位及量级	备注
边界层急流	/	/	m/s	动力
显著气流	700	≥ 4	m/s	动力
散度	200	≥ 5	10^{-5} s^{-1}	动力
涡度	1000	≥ 3	10^{-5} s^{-1}	动力
位涡高值区	300	≥ 1	PVU	动力
位涡低值区	200	≤ 0	PVU	动力
涡度平流	700	≥ 1	10^{-9} s^{-2}	动力
锋生函数	700	≥ 5	K·hPa^{-1}·s^{-3}	动力
锋生函数	1000	≥ 20	K·hPa^{-1}·s^{-3}	动力
MPV$_2$	500	≤ -0.1	PVU	动力
冷平流	/	/	$10^{-5}℃/s$	动力
暖平流	1000	≥ 0.6	$10^{-5}℃/s$	动力
干平流	700	≤ -2	$10^{-5}℃/s$	动力

续表

物理量名称	层次(hPa)	参考值	单位及量级	备注
K 指数	/	$\geqslant 39$	℃	不稳定
$\Delta\theta_{se}$	$500-850$	$\leqslant -8$	K	不稳定
$\Delta\theta_{se}$	$700-925$	$\leqslant -13$	K	不稳定
MPV_1	925	$\leqslant -0.6$	PVU	不稳定
湿平流	925	$\geqslant 0$	10^{-5} ℃/s	水汽
湿舌(区)	1000	$\geqslant 26$	℃	水汽
水汽通量散度	925	$\leqslant -4$	10^{-8} g·cm^{-2}·hPa^{-1}·s^{-1}	水汽

三、中尺度天气系统三维结构图

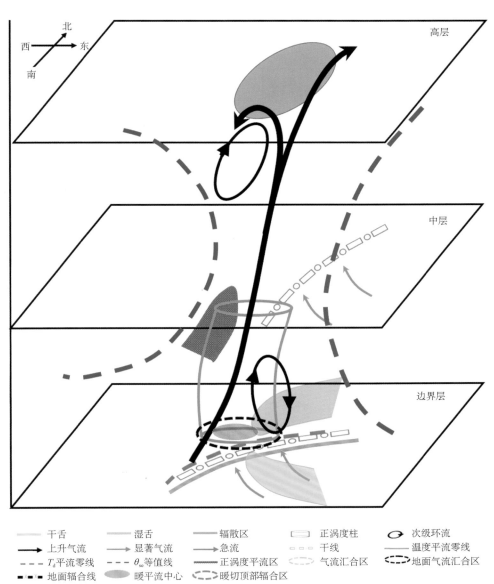

—— 干舌	—— 湿舌	—— 辐散区	▭ 正涡度柱	⬭ 次级环流
➡ 上升气流	➡ 显著气流	➡ 急流	▢▢ 干线	—— 温度平流零线
- - T_d平流零线	- - θ_{se}等值线	⬳ 正涡度平流区	⬭ 气流汇合区	⬭ 地面气流汇合区
▬▬ 地面辐合线	⬭ 暖平流中心	⬭ 暖切顶部辐合区		

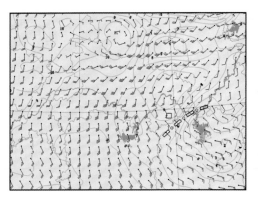

2010 年 7 月 22 日 14 时 700 hPa 露点、风场及干线（单位：℃）

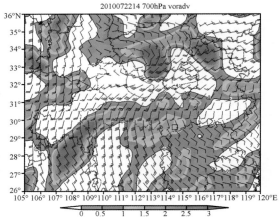

2010 年 7 月 22 日 14 时 700 hPa 涡度平流（单位：10^{-9} s^{-2}）

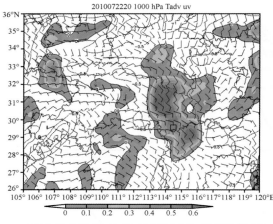

2010 年 7 月 22 日 20 时 1000 hPa 温度平流（单位：10^{-5} ℃/s）

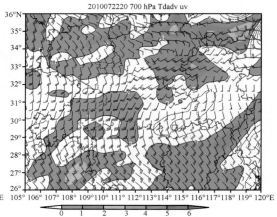

2010 年 7 月 22 日 20 时 700 hPa 湿度平流（单位：10^{-5} ℃/s）

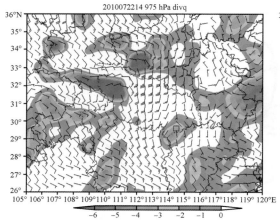

2010 年 7 月 22 日 14 时 975 hPa 水汽通量散度（单位：10^{-8} g · cm^{-2} · hPa^{-1} · s^{-1}）

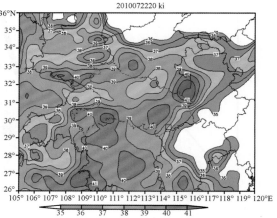

2010 年 7 月 22 日 20 时 K 指数（单位：℃）

4.2.9　2010 年 8 月 18 日(宜昌)

编号:20100818-4-9

一、中尺度天气条件及暴雨落区

1. 暴雨中心:宜昌附近,1 小时最大雨量 49 mm,3 小时累积最大雨量 56 mm。
2. 主要中尺度天气系统:
(1)500 hPa 干线
(2)500 hPa 正涡度平流区
(3)850、925 hPa 暖切顶部辐合区
(4)925 hPa 暖平流中心
(5)地面气流汇合区
3. 动力条件:

(1)暴雨发生前 3 h,500 hP 湖南北部有西南—东北向干线(4℃/100 km)向西北缓慢移动,干暖空气自南向北穿过干线进入湿区,一是促使中层暴雨区附近锋生(500 hPa 15→20 K·hPa^{-1}·s^{-3}),促进暴雨区中尺度对流发展,同时从雷达反射率图也显示回波在湖南西北部出现并向暴雨区传播加强(35～55 dbz);二是促使暴雨区中层空气变干(500 hPa T_d −7→−9℃),θ_{se} 值下降(500 hPa 343→342 K),有利于加强暴雨区上空对流不稳定。

(2)暴雨发生前 3 h,500 hPa 湖南北部有东西向正涡度平流区向暴雨区移动(1×10^{-9} s^{-2});与此同时,925 hPa 暴雨区上空暖平流区加强(0→0.8×10^{-5}℃/s);正涡度平流区和暖平流中心的强迫作用加强了边界层暖切顶部的辐合(925 hPa 散度 0→−4×10^{-5} s^{-1})。

(3)暴雨发生前 3 h,地面西北方向、西南方向、东南方向有三支气流在宜昌地区汇合,地面气流汇合区加强(地面散度−8×10^{-5}→−10×10^{-5} s^{-1}),触发中尺度对流。

(4)暴雨发生前 9 h,暴雨区高层散度由负变正(200 hPa −1×10^{-5}→2×10^{-5} s^{-1}),高层辐散抽吸作用加强,配合高层次级环流,有利于暴雨区上空气流加速流出。

综上所述,本次暴雨是由 500 hPa 干线加强对流不稳定,同时正涡度平流和暖平流的强迫作用促使暴雨区边界层低值系统发展,地面辐合线触发中尺度对流而形成的,中层干线锋生、高层辐散等共同作用促进了中尺度对流系统进一步发展。

4. 水汽条件:

(1)暴雨发生前 9 h,暴雨区附近维持大值湿区(925 hPa T_d≥21℃)。

(2)暴雨发生前 9 h,暴雨区附近水汽通量散度辐合区维持并加强(950 hPa 0→−4×10^{-8} g·cm^{-2}·hPa^{-1}·s^{-1})。

5. 不稳定条件:

(1)暴雨发生前 3 h,暴雨区边界层增温增湿、中层有干空气进入,$\Delta\theta_{se(500-850)}$ 明显变小(−8→−10 K),对流不稳定增强。

(2)暴雨发生前 9 h,近地面层暴雨区 MPV$_1$ 项减小(975 hPa −0.6→−1.2 PVU),负值中心与暴雨区配合,表明近地面湿不稳定能量明显加强。

(3)暴雨发生前 9 h,暴雨区持续增温增湿 K 指数增大(37→38℃),暴雨区上空对流不稳定加强。

6. 暴雨落区：

(1)500 hPa 干线北侧 50 km 以内；

(2)850、925 hPa 暖切顶部辐合区；

(3)地面气流汇合区内；

(4)700 hPa 干湿平流零线附近靠近湿平流一侧 50 km 以内；

(5)水汽通量散度大值中心与 K 指数大值区重叠区域。

综上所述，暴雨落区位于中层干线北侧，边界层暖切顶部辐合区，地面气流汇合区，中层干湿平流零线湿平流一侧，以及水汽通量散度和 K 指数大值中心重叠区域。

二、中尺度天气分析参考值

物理量名称	层次(hPa)	参考值	单位及量级	备注
边界层急流	/	/	m/s	动力
显著气流	500	$\geqslant 8$	m/s	动力
散度	200	$\geqslant 2$	$10^{-5}\,s^{-1}$	动力
涡度	850	$\geqslant 7.5$	$10^{-5}\,s^{-1}$	动力
位涡高值区	800	$\geqslant 1$	PVU	动力
位涡低值区	/	/	PVU	动力
涡度平流	500	$\geqslant 1$	$10^{-9}\,s^{-2}$	动力
锋生函数	700	$\geqslant 10$	$K \cdot hPa^{-1} \cdot s^{-3}$	动力
MPV_2	/	/	PVU	动力
冷平流	/	/	$10^{-5}\,℃/s$	动力
暖平流	925	$\geqslant 0.8$	$10^{-5}\,℃/s$	动力
干平流	500	$\leqslant -4$	$10^{-5}\,℃/s$	动力
K 指数	/	$\geqslant 38$	℃	不稳定
$\Delta\theta_{se}$	$500-850$	$\leqslant -10$	K	不稳定
MPV_1	975	$\leqslant -1.2$	PVU	不稳定
湿平流	700	$\geqslant 0.8$	$10^{-5}\,℃/s$	水汽
湿舌(区)	925	$\geqslant 20$	℃	水汽
水汽通量散度	950	$\leqslant -4$	$10^{-8}g \cdot cm^{-2} \cdot hPa^{-1} \cdot s^{-1}$	水汽

三、中尺度天气系统三维结构图

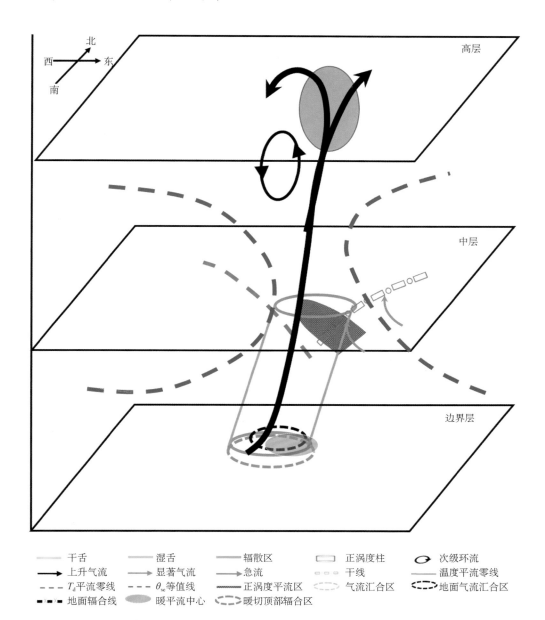

干舌	湿舌	辐散区	正涡度柱	次级环流
上升气流	显著气流	急流	干线	温度平流零线
T_d平流零线	θ_{se}等值线	正涡度平流区	气流汇合区	地面气流汇合区
地面辐合线	暖平流中心	暖切顶部辐合区		

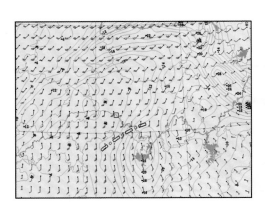

2010 年 8 月 18 日 14 时 500 hPa 露点、风场及干线（单位：℃）

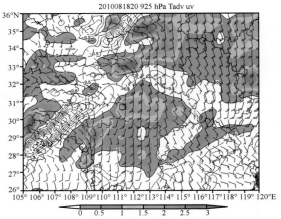

2010 年 8 月 18 日 20 时 925 hPa 温度平流（单位：10^{-5}℃/s）

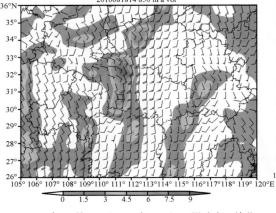

2010 年 8 月 18 日 14 时 850 hPa 涡度场（单位：10^{-5} s^{-1}）

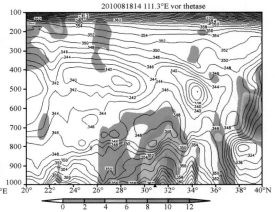

2010 年 8 月 18 日 14 时沿 111.3°E 涡度和假相当位温垂直分布（单位：010^{-5} s^{-1}，K）

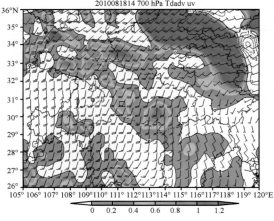

2010 年 8 月 18 日 14 时 700 hPa 湿度平流（单位：10^{-5}℃/s）

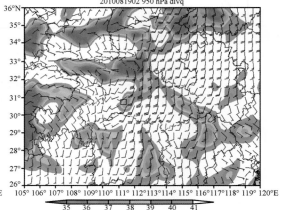

2010 年 8 月 19 日 02 时 950 hPa 水汽通量散度（单位：10^{-8} g·cm^{-2}·hPa^{-1}·s^{-1}）

4.2.10 2011年8月10日(浠水)

编号:20110810-4-10

一、中尺度天气条件及暴雨落区

1. 暴雨中心:浠水,1 小时最大雨量 37 mm,3 小时累积最大雨量 72 mm。
2. 主要中尺度天气系统:
(1)500 hPa 干线
(2)500 hPa 正涡度平流区
(3)700 hPa 急流
(4)700 hPa 湿舌
(5)700 hPa 暖平流中心
(6)850 hPa 、925 hPa 暖切顶部辐合区
(7)地面辐合线
3. 动力条件:

(1)暴雨发生前 6 h,副高西北侧江西西北部有一条西南—东北向干线(500 hPa 10℃/100 km)逐渐北抬至鄂东南,干暖空气自南向北穿过干线进入湿区,一是促使中层干线锋生(500 hPa 5→20 K·hPa^{-1}·s^{-3}),促进暴雨区中尺度对流发展加强,同时次雷达反射率图也显示有回波在通山附近出现并向暴雨区传播加强(20→45 dBz);二是促使暴雨区中层出现干平流中心(500 hPa 1×10^{-5}→—3×10^{-5}℃/s),θ_{se}值减小(347→345 K),有利于加强暴雨区上空的对流不稳定。

(2)暴雨发生前 6 h,500 hPa 江汉平原西部的正涡度平流中心向东北方向移动,暴雨区正涡度平流加强(—1×10^{-9}→1×10^{-9} s^{-2});此时,700 hPa 暴雨区出现暖平流中心(0.6×10^{-5}℃/s);正涡度平流和暖平流的强迫作用加强了边界层暖切顶部辐合(925 hPa 散度 1×10^{-5}→—2×10^{-5} s^{-1})。

(3)暴雨发生前 6 h,位于江西东部的 700 hPa 西南急流加强(10→12 m/s)并北抬至湖北安徽交界处,急流出口区左侧有强气旋性切变,促进了暴雨区辐合上升运动发展。

(4)暴雨发生前 2 h,在浠水附近出现地面辐合线(散度中心—13×10^{-5} s^{-1}),触发了中尺度对流。

(5)暴雨发生前 6 h,200 hPa 湖北东南部至安徽西南一带的正散度区北抬,导致暴雨区上空正的散度加强(1×10^{-5}→4×10^{-5} s^{-1}),高层辐散抽吸作用明显。

综上所述,本次暴雨是由 500 hPa 干线加强对流不稳定,同时正涡度平流和暖平流的强迫作用促使暴雨区边界层低值系统发展,地面辐合线触发中尺度对流而形成的,中层干线锋生、高层辐散以及低空急流加强北抬等动力条件共同作用促使中尺度对流系统进一步发展加强。

4. 水汽条件:

(1)暴雨发生前 6 h,在江汉平原东南部有东北向湿舌伸向湖北东部和北部并加强,暴雨区上空湿度增长(700 hPa T_d 9→10℃)。

(2)暴雨发生前 6 h,湿舌内有湿平流中心出现在暴雨区(700 hPa 3×10^{-5}℃/s),表明有较强水汽向暴雨区输送。

(3)暴雨发生前 6 h,暴雨区出现水汽通量散度中心(925 hPa —3×10^{-8} g·cm^{-2}·hPa^{-1}·

s^{-1}),表明有较强水汽辐合存在。

5. 不稳定条件:

(1)暴雨发生前 6 h,暴雨区中层有干空气进入、边界层暖湿状态维持,$\Delta\theta_{se(500-850)}$ 减小($-4\rightarrow-6$ K),对流不稳定增强;

(2)暴雨发生前 6 h,暴雨区位于 925 hPa 湿位涡 MPV_1 项负值中心边缘处($\leqslant-0.4$ PVU),表明边界层存在对流不稳定;

(3)暴雨发生前 6 h,安徽、湖北交界处 K 指数大值中心向暴雨区移动,暴雨区不稳定加强($\geqslant40℃$)。

6. 暴雨落区:

(1)500 hPa 干线北侧 50 km 以内;

(2)700 hPa 西南急流出口区左侧 100 km 以内;

(3)850 hPa、925 hPa 暖切顶部辐合区;

(4)地面辐合线上;

(5)925 hPa 干湿冷暖平流零线附近靠近暖湿平流一侧 50 km 以内;

(6)水汽通量散度大值中心与 K 指数大值中心重叠区域。

综上所述,暴雨落区位于中层干线北侧,中层西南急流出口区左侧,边界层暖切顶部辐合区,地面辐合线上,边界层干湿冷暖平流零线靠近暖湿平流一侧,以及水汽通量散度和 K 指数大值中心重合区域。

二、中尺度天气分析参考值

物理量名称	层次(hPa)	参考值	单位及量级	备注
边界层急流	700	$\geqslant12$	m/s	动力
显著气流	500	$\geqslant16$	m/s	动力
散度	200	$\geqslant4$	$10^{-5}\,s^{-1}$	动力
涡度	850	$\geqslant5$	$10^{-5}\,s^{-1}$	动力
位涡高值区	500	$\geqslant1.2$	PVU	动力
位涡低值区	200	$\leqslant0$	PVU	动力
涡度平流	500	$\geqslant1$	$10^{-9}\,s^{-2}$	动力
锋生函数	500	$\geqslant20$	$K\cdot hPa^{-1}\cdot s^{-3}$	动力
MPV_2	700	$\leqslant-0.4$	PVU	动力
冷平流	/	/	$10^{-5}℃/s$	动力
暖平流	700	$\geqslant0.6$	$10^{-5}℃/s$	动力
干平流	500	$\leqslant-3$	$10^{-5}℃/s$	动力
K 指数	/	$\geqslant40$	℃	不稳定
$\Delta\theta_{se}$	500−850	$\leqslant-6$	K	不稳定
MPV_1	925	$\leqslant-0.4$	PVU	不稳定
湿平流	700	$\geqslant3$	$10^{-5}℃/s$	水汽
湿舌(区)	700	$\geqslant10$	℃	水汽
水汽通量散度	925	$\leqslant-3$	$10^{-8}\,g\cdot cm^{-2}\cdot hPa^{-1}\cdot s^{-1}$	水汽

三、中尺度天气系统三维结构图

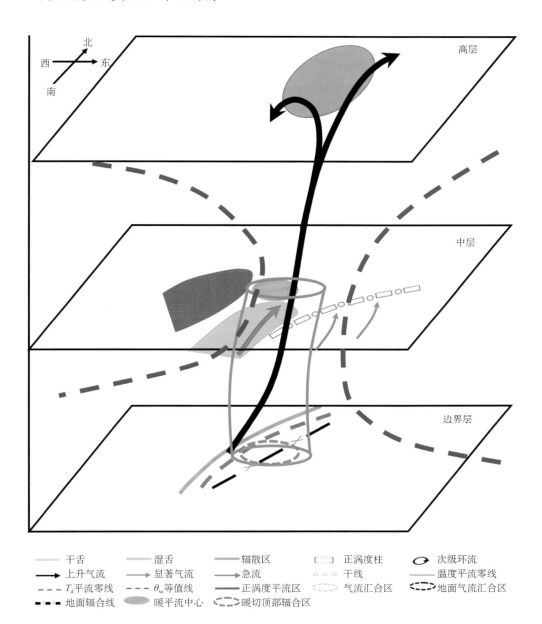

—— 干舌	—— 湿舌	—— 辐散区	▭ 正涡度柱	◯ 次级环流
➡ 上升气流	➡ 显著气流	➡ 急流	▭▭ 干线	—— 温度平流零线
- - - T_d平流零线	- - - θ_{se}等值线	⌇⌇ 正涡度平流区	⬭ 气流汇合区	⬭ 地面气流汇合区
- - - 地面辐合线	⬭ 暖平流中心	⬭ 暖切顶部辐合区		

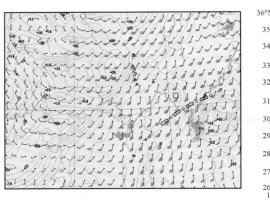

2011 年 8 月 10 日 14 时 500 hPa 露点、风场及干线（单位：℃）

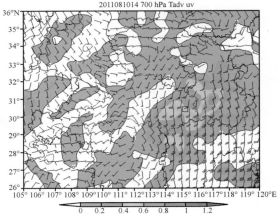

2011 年 8 月 10 日 14 时 700 hPa 温度平流（单位：10^{-5} ℃/s）

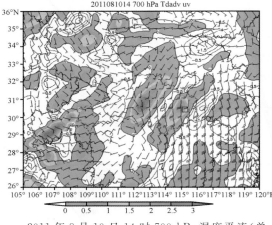

2011 年 8 月 10 日 14 时 700 hPa 湿度平流（单位：10^{-5} ℃/s）

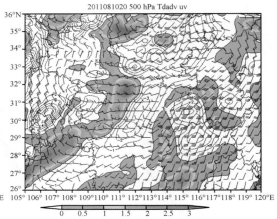

2011 年 8 月 10 日 20 时 500 hPa 湿度平流（单位：10^{-5} ℃/s）

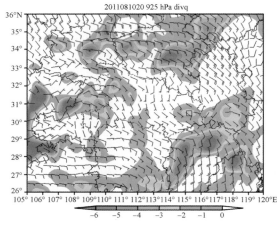

2011 年 8 月 10 日 20 时 925 hPa 水汽通量散度（单位：10^{-8} g·cm^{-2}·hPa^{-1}·s^{-1}）

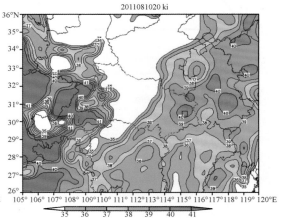

2011 年 8 月 10 日 20 时 K 指数（单位：℃）